JN299292

土木・環境系コアテキストシリーズ C-2

地盤力学

中野 正樹 著

コロナ社

土木・環境系コアテキストシリーズ
編集委員会

編集委員長

Ph.D. 日下部 治（東京工業大学）

〔C：地盤工学分野 担当〕

編集委員

工学博士 依田 照彦（早稲田大学）

〔B：土木材料・構造工学分野 担当〕

工学博士 道奥 康治（神戸大学）

〔D：水工・水理学分野 担当〕

工学博士 小林 潔司（京都大学）

〔E：土木計画学・交通工学分野 担当〕

工学博士 山本 和夫（東京大学）

〔F：環境システム分野 担当〕

2011 年 3 月現在

刊行のことば

　このたび，新たに土木・環境系の教科書シリーズを刊行することになった。シリーズ名称は，必要不可欠な内容を含む標準的な大学の教科書作りを目指すとの編集方針を表現する意図で「土木・環境系コアテキストシリーズ」とした。本シリーズの読者対象は，我が国の大学の学部生レベルを想定しているが，高等専門学校における土木・環境系の専門教育にも使用していただけるものとなっている。

　本シリーズは，日本技術者教育認定機構（JABEE）の土木・環境系の認定基準を参考にして以下の6分野で構成され，学部教育カリキュラムを構成している科目をほぼ網羅できるように全29巻の刊行を予定している。

　　　A分野：共通・基礎科目分野
　　　B分野：土木材料・構造工学分野
　　　C分野：地盤工学分野
　　　D分野：水工・水理学分野
　　　E分野：土木計画学・交通工学分野
　　　F分野：環境システム分野

　なお，今後，土木・環境分野の技術や教育体系の変化に伴うご要望などに応えて書目を追加する場合もある。

　また，各教科書の構成内容および分量は，JABEE認定基準に沿って半期2単位，15週間の90分授業を想定し，自己学習支援のための演習問題も各章に配置している。

　従来の土木系教科書シリーズの教科書構成と比較すると，本シリーズは，A

刊行のことば

分野（共通・基礎科目分野）にJABEE認定基準にある技術者倫理や国際人英語等を加えて共通・基礎科目分野を充実させ，B分野（土木材料・構造工学分野），C分野（地盤工学分野），D分野（水工・水理学分野）の主要力学3分野の最近の学問的進展を反映させるとともに，地球環境時代に対応するためE分野（土木計画学・交通工学分野）およびF分野（環境システム分野）においては，社会システムも含めたシステム関連の新分野を大幅に充実させているのが特徴である。

科学技術分野の学問内容は，時代とともにつねに深化と拡大を遂げる。その深化と拡大する内容を，社会的要請を反映しつつ高等教育機関において一定期間内で効率的に教授するには，周期的に教育項目の取捨選択と教育順序の再構成，教育手法の改革が必要となり，それを可能とする良い教科書作りが必要となる。とは言え，教科書内容が短期間で変更を繰り返すことも教育現場を混乱させ望ましくはない。そこで本シリーズでは，各巻の基本となる内容はしっかりと押さえたうえで，将来的な方向性も見据えた執筆・編集方針とし，時流にあわせた発行を継続するため，教育・研究の第一線で現在活躍している新進気鋭の比較的若い先生方を執筆者としておもに選び，執筆をお願いしている。

「土木・環境系コアテキストシリーズ」が，多くの土木・環境系の学科で採用され，将来の社会基盤整備や環境にかかわる有為な人材育成に貢献できることを編集者一同願っている。

2011年2月

編集委員長　日下部　治

まえがき

　本書は，地盤力学を学ぼうとする学部学生を対象とした教科書である。地盤力学は，自然由来の材料である地盤材料を取り扱う力学であり，それが地盤力学の特徴ともいえる。地盤材料については本書で詳しく述べているが，固相，液相，気相の三相で構成されていることなどから，他分野の材料とは異なる複雑な力学挙動を示すことが特徴として挙げられる。

　伝統的な地盤力学では，地盤材料の力学挙動を詳しく解説するというより，地盤に土木構造物などを建設するための設計を支える理論・数理モデルが中心にまとめられている。例えば，沈下予測のための圧密理論，土圧・斜面安定・支持力などの安定問題，地盤中の水の流れに関する透水問題などである。これらの理論・数理モデルは，地盤に土木構造物を安全に構築することに貢献した工学的にも重要な考え方である。しかし，地盤に生じる複雑な挙動を，安定問題，沈下問題として単純化することや，同じ材料で構成される地盤であっても圧密では弾性体，安定問題では剛体と理想化することから，学ぶ側において地盤力学が複雑に，そして難しく感じられた。

　本書は，その重要性から設計を支える理論・数理モデルも取り上げつつ，しかし地盤材料の力学挙動，すなわち圧密・圧縮からせん断変形，破壊までの一連の力学挙動の解説を大きく取り上げているところに特徴がある。すなわちビショップ（Bishop）らの行った三軸圧縮試験[1]で示される練返し飽和粘土の力学挙動と，その結果から導かれる状態境界面の存在について詳しく説明している[2]。著者が学生時代，研究室のゼミで勉強した内容であり，土の力学挙動全般がなんとなく理解できるようになったことからも，本書で是非強調したいと思った。なお，これら一連の力学挙動の記述が不朽の弾塑性構成モデルであるカムクレイモデルの降伏曲面へと展開していくのである。

　本書の構成は，地盤材料の特徴については1章，地盤材料の状態を表す基本

物理量や分類については2章で述べている。3章で1次元の力のつり合いを説明した後，4章で1次元場における有効応力の原理を解説している。有効応力の原理は，地盤力学の最も基礎となる重要な概念であり，地盤力学を他の材料力学と区別して特徴づける重要な原理であることから，詳細に説明している。また5章では透水問題を，6章では1次元弾性圧密理論を解説している。これらは地盤構造物の設計における重要な理論であると同時に，地盤材料の水-土骨格連成問題を解く際の基礎方程式を含んでいること，さらに透水は楕円型偏微分方程式に，圧密は放物型偏微分方程式に対応することなど，力学を数学により表現する最適な教材でもあることから詳細に解説している。7章では，3次元空間において力学挙動を記述するための応力，ひずみのテンソル表示を概説している。そして8～10章で，圧密・圧縮からせん断変形，破壊までの一連の力学挙動を解説している。ここは本書の特徴的な内容と位置づけている。さらに，11章では不飽和土の力学として締固め特性を，12章では自然堆積土をはじめとする構造を有する土の力学挙動とその応用を示している。

このように本書の特徴として，地盤材料の力学挙動の解説を大きく取り上げていることから，従来の教科書で示されている内容が抜け落ちてしまっている部分もある。例えば，地盤構造物の安定問題に関する重要な考え方としての極限解析などであるが，それらについては本シリーズの地盤工学[3]を参照していただきたい。

本書の内容の主要な部分は，名古屋大学の学部学生を対象としてきた土質力学，土質基礎工学の講義ノートがベースとなっている。恩師名古屋大学名誉教授の浅岡 顕先生手書きの講義ノートのことだが，本書の内容の流れや紙面の都合上，大事な部分を削除しているところや余分な部分を付け足しているところもあり，講義ノートの質や面白さが半減しているとのお叱りを受けそうである。また東京工業大学名誉教授の日下部 治先生には，本書執筆の機会を与えていただき，原稿に対して多くの助言をいただいた。両先生に感謝の意を表する次第である。

2011年11月

中野 正樹

目 次

1章 地盤力学とは
1.1 地盤力学が扱う領域　2
1.2 土・地盤材料の特徴　4
演 習 問 題　6

2章 土の基本物理量・土の分類
2.1 土の構成と基本物理量　8
    2.1.1 三相で構成される土　8
    2.1.2 四つの基本物理量　9
    2.1.3 土に関する五つの密度と単位体積重量　11
    2.1.4 各状態における鉛直土被り圧分布　12
2.2 土の分類　13
    2.2.1 粒度による分類（粗粒分の分類）　13
    2.2.2 コンシステンシー限界による分類（細粒分の分類）　15
    2.2.3 地盤材料の工学的分類体系　17
2.3 土の状態を表す代表的な諸量　21
    2.3.1 相対密度　21
    2.3.2 コンシステンシー限界を用いた各指数　22
    2.3.3 自然堆積した粘性土における鋭敏比と圧縮指数比　22
演 習 問 題　23

3章 1次元の力のつり合いと変形
3.1 1次元の力のつり合いと応力　25
3.2 1次元の変位とひずみの適合条件　28
    3.2.1 ラグランジュひずみ　29
    3.2.2 オイラーひずみ　31
演 習 問 題　32

4章　有効応力の原理と1次元圧縮挙動

- 4.1　自重を考慮した1次元の力のつり合い式　*34*
- 4.2　有効応力と地盤内鉛直有効応力分布　*35*
- 4.3　有効応力の原理と1次元圧縮挙動　*39*
- 4.4　標準圧密試験機による飽和粘土の1次元圧縮挙動　*41*
  - 4.4.1　標準圧密試験機の特徴　*41*
  - 4.4.2　典型的な試験結果とその整理法　*43*
  - 4.4.3　1次元圧密線の実用目的でのモデル化　*46*
- 演習問題　*47*

5章　地盤中の水の流れ — 透水

- 5.1　地盤の中をなぜ水は流れるのか — その1　*50*
- 5.2　ダルシー則　*51*
- 5.3　透水係数と室内試験法　*54*
- 5.4　地盤の中をなぜ水は流れるのか — その2　*56*
- 5.5　ダルシー則における流速　*57*
- 5.6　等ヘッド面と流線　*58*
- 5.7　連続式　*59*
- 5.8　2次元定常浸透問題の流線網による図式解法　*63*
  - 5.8.1　流線網の特徴　*63*
  - 5.8.2　流線網の描き方　*64*
  - 5.8.3　流線網による浸透解析の例　*64*
- 5.9　浸透力と限界動水勾配　*65*
- 演習問題　*68*

6章　地盤の1次元弾性圧密挙動

- 6.1　テルツァーギの1次元圧密方程式の誘導　*71*
- 6.2　テルツァーギの1次元圧密方程式に見る過剰水圧の消散の仕方　*75*
  - 6.2.1　境界条件　*75*
  - 6.2.2　初期条件　*76*
  - 6.2.3　過剰間隙水圧の等時曲線の特徴　*77*
- 6.3　フーリエ級数による解とその見どころ　*78*
- 6.4　1次元圧密沈下と圧密度　*82*
  - 6.4.1　1次元圧密沈下の計算　*82*
  - 6.4.2　沈下-時間関係の無次元化（圧密度-時間係数関係）　*83*
- 6.5　浅岡の沈下予測に関する観測的方法　*84*

演習問題　86

7章　3次元空間での応力とひずみの表現

7.1　応力テンソルと応力パラメータ
　　　　― 軸差応力と平均有効応力の定義　88
　　　7.1.1　コーシーの応力公式と応力テンソル　88
　　　7.1.2　有効応力の原理の表現　91
　　　7.1.3　応力パラメータ ― 平均有効応力と軸差応力　91
7.2　ひずみテンソルとひずみパラメータ
　　　　― 体積ひずみとせん断ひずみの定義　92
　　　7.2.1　体積圧縮率（体積ひずみ）　92
　　　7.2.2　ひずみテンソルとひずみパラメータ
　　　　　　　― 体積ひずみとせん断ひずみ　95
7.3　テンソル成分表記による応力パラメータ，ひずみパラメータの定義
　　　　　　　　　　　　　　　　　　　　　　　　　97

演習問題　98

8章　p'-q-v 空間における地盤材料の圧縮挙動の記述

8.1　飽和粘土の等方圧縮　100
　　　8.1.1　等方圧密試験の意義　100
　　　8.1.2　典型的な試験結果とその整理法　102
　　　8.1.3　等方圧密における圧縮線のモデル化　103
　　　8.1.4　銅の棒の引張試験との比較　104
8.2　正規圧密粘土と過圧密粘土　104
8.3　1次元圧縮と等方圧縮の比較　105
演習問題　108

9章　p'-q-v 空間における地盤材料のせん断変形挙動の記述

9.1　一面せん断試験による飽和土のせん断特性の把握　110
　　　9.1.1　一面せん断試験　110
　　　9.1.2　粘土の非排水せん断強度　112
　　　9.1.3　土のせん断試験が具備すべき条件　113
9.2　三軸圧縮試験による飽和土のせん断変形特性の把握　115
　　　9.2.1　三軸圧縮試験　115
　　　9.2.2　二つの典型的な三軸試験方法　117
　　　9.2.3　三軸圧縮試験における飽和粘土の典型的な四つのせん断挙動　119

　　　　　9.2.4　限界状態と限界状態線　125
　9.3　飽和粘土の力学挙動の p'-q-v 空間における表現と状態境界面　127
　　　　　9.3.1　限界状態線とロスコー面　127
　　　　　9.3.2　ロスコー面内の土のせん断特性と状態境界面　129
　　　　　9.3.3　p'-q-v 空間でのさまざまな飽和粘土の力学挙動の表現
　　　　　　　　130
　　　　　9.3.4　状態境界面とモール・クーロンの破壊基準との比較　131
　演習問題　133

10章　ロスコー面およびカムクレイモデル降伏曲面の導出

　10.1　ロスコー面と正規圧密線，限界状態線　135
　10.2　正規圧密土のせん断挙動に伴う体積ひずみの記述　136
　10.3　非排水応力経路と c_u の表現　138
　10.4　オリジナルカムクレイモデルの降伏曲面　140
　演習問題　142

11章　土の締固めと品質管理

　11.1　プロクターによる締固め曲線の発見　144
　11.2　室内締固め試験　145
　11.3　締固め曲線に影響を与える諸因子　147
　11.4　締め固めた土の力学特性　149
　11.5　締め固めた土の品質管理の規定値　151
　演習問題　154

12章　構造を有する土の力学挙動

　12.1　土の構造とは　156
　12.2　自然堆積粘土の力学挙動　157
　12.3　緩詰めから密詰めまでの砂の力学挙動　160
　12.4　構造の概念による各種力学挙動の整理　162
　演習問題　166

引用・参考文献　167
演習問題解答　171
索　　　引　178

1章 地盤力学とは

◆本章のテーマ

　地盤とは，人間が生活を営む上で利用するすべての地球表層部分のことと定義される。本章では，人間社会と深く関連する地盤と地盤構造物にはどのようなものがあるかを示し，地盤力学が取り扱う対象を紹介する。そして地盤力学が，土木工学の中で，どのような役割を果たしているのかを説明する。さらに地盤や地盤構造物を構成する地盤材料の特徴として，自然由来の材料であること，土粒子・水・空気の三相で構成されること，土木構造物との関連が深いことを述べ，地盤力学の重要性を説明する。

◆本章の構成（キーワード）

1.1 地盤力学が扱う領域
　　インフラストラクチャー，土木工学，土木構造物，地盤，地盤構造物，切土，盛土，埋立，地盤力学
1.2 土・地盤材料の特徴
　　自然材料，三相（土粒子・水・空気），圧縮性材料

◆本章を学ぶと以下の内容をマスターできます

☞ 土木工学における地盤力学の位置づけ，役割
☞ 地盤力学が取り扱う範囲
☞ 地盤材料の他分野材料との違い
☞ 地盤材料の特徴

1.1　地盤力学が扱う領域

　人間が安心して快適な生活を営むためには，地球上にさまざまな施設・構造物を築き，運用していくとともに，それらを維持・管理していかなければならない。このような人間社会全体の基盤となる公共の施設・構造物は**インフラストラクチャー**（infrastructure）と呼ばれ，ハードウェアはもちろん，運用などのソフトウェアも含まれる[1]。このインフラ[†1]を整備するためにはさまざまな技術が必要となるが，その中でも土木技術は中心的な役割を果たしている。この土木技術を学問として体系的に支えているのが**土木工学**（civil engineering）である[2]。

　インフラ，特に土木構造物はすべて地盤上か地盤中に存在する[3]。ここで**地盤**（ground）とは，土木構造物を設置する，あるいは土木工事で掘削の対象となる地球表層部分のことと定義される[4]。すなわち，地盤は，人間が生活を営む上で利用するすべての地球表層部分のことを指し，したがって地盤そして**地盤構造物**[5]（geotechnical structure）は，他分野の構造物に比べて広大な空間スケールを持ち，その運用，維持管理には壮大な時間スケールを考慮する必要がある。また，考慮すべきその範囲は社会の要請によってさらに広く，深くなっていくのである[6]。このように地盤そして地盤構造物は，人間社会全体の基盤となる施設・構造物を支えることからも，土木構造物の中で最も重要な構造物であるといってよいであろう。

　人間らしい安全で快適な生活を営むために，人間が地盤に行う行為，そしてその行為で造られる地盤構造物の例を以下に挙げる。

（1）　きる（けずる）：山や斜面など[†2]を切る（**図 1.1**）── 切土（きりど）など。

（2）　ほる：山や地面などを掘る（**図 1.2**）── トンネル，エネルギー供給のための地下 LNG タンク，地下空間利用，放射性廃棄物処理など大深度利用，河川・港湾などの浚渫（しゅんせつ），掘割（ほりわり）道路など。

---

†1　インフラストラクチャーの略。
†2　地球表層部分あるいは地盤のこと。

1.1 地盤力学が扱う領域

図1.1 きる（切土）

図1.2 ほる（地下 LNG タンク）

図1.3 もる（盛土）

（3） もる：切った土や掘った土を地盤に盛る（**図 1.3**）── 宅地盛土，道路盛土，鉄道盛土，河川堤防，アースダムなど。

（4） うめる：切った土や掘った土を沿岸域や谷筋に埋める ── 埋立地盤，海上人工島，盛土など。

（5） ささえる：すべての構造物を安全に支持する。

（6） ながす：地中の水を流れやすくしたり，流れにくくしたりする。汚染物質の流れ（拡散）を防ぐ ── フィルダム，土壌汚染対策。

ここで挙げた地盤への行為は，地盤や地盤構造物になんらかの変状（変形や破壊）を生じさせることがある。これらの行為（外力）に対して地盤または地盤構造物がどう振る舞うかを記述することを目的に，力学として体系化した学問を**地盤力学**（geotechnical mechanics）と呼ぶことができる。

したがって地盤力学は，上記のような行為に対する地盤，地盤構造物の変形・破壊予測や強化（地盤改良）にだけでなく，地盤や地盤構造物の長期的な維持管理などにも適用される。また地盤力学は，常時だけでなく非常時（地震

や豪雨など）における地盤に関する諸問題にも対応しなければならない。さらに地盤への行為は自然への行為であるため，地盤環境問題にもその範疇が広がっている。

1.2 土・地盤材料の特徴

　地盤力学の最も基礎となる重要な概念は，テルツァーギ（Terzaghi）により提案された有効応力の原理であろう。この原理は，地盤力学を他の材料力学と区別して特徴づける重要な原理である。有効応力の原理の詳細は4章で述べるとして，ここでは，地盤力学が取り扱う地盤，そして地盤材料の特徴を，他分野の材料と比較しながら示す。

　地盤材料の最も大きな特徴として，自然由来の材料であることが挙げられる[†]。すなわち他分野の材料，特に人工材料とは違い，初期に規定される寸法や強度などの規格がない。そのため，対象とする地盤の初期の状態は既知ではない。さらに，地盤や地盤構造物は粘土をはじめ砂，礫などのさまざまな**粒径**（grain size）の土で構成され，それらは不均質に分布する。したがって，地盤の初期状態や材料物性を把握するためには，地盤調査・土質調査が必須となる。しかし地盤や地盤構造物のほとんどが広大な空間スケールを持つため，地盤内部の材料や状態の不均質な分布を正確に把握することはほとんど不可能である。このように構成する材料が自然材料であるがゆえ，地盤構造物の変形・破壊挙動などの力学挙動の予測は，他分野の材料に比べて非常に難しい。しかしその一方で，地盤材料は自然材料であるため，地球物理学，地学，地質学，堆積学，さらには地震学との学術的な連携の可能性を有しており，学問的な広がりが期待される。

　二つ目の特徴は，自然材料であることとも深く関連するが，**土粒子**（soil particle），水，空気からなる材料であることが挙げられる。**図1.4**に示すよう

---

　† 土質材料の工学的分類体系[6]においては，人工的に加工したものとして人工材料も土質材料と定義している。

に，土粒子は固相で，土粒子どうしの間隙には水（液相）と空気（気相）があり，地盤材料は三相で構成されている。したがって，外力などによって間隙の水や空気が地盤の境界から外へ出たり，外から水が中に入ったりすることにより，地盤材料は高い圧縮性を示す[†]。さらに，同じ材料でも土粒子の詰まり具合（いわゆる密度）が違うと，あたかも別の材料のような変形挙動や強度特性を示す。すなわち密に詰まっていると，外力に対し圧縮性は低くて変形量は小さいが，緩く詰まっていると圧縮性が高くて大変形を起こす。

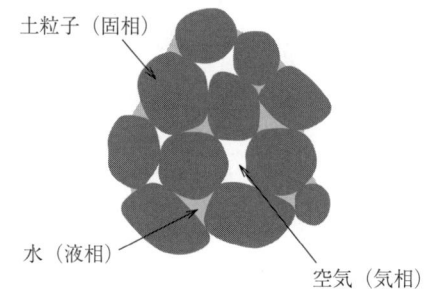

図1.4 土の構成

砂を例にとると，地盤の深いところにある砂層は，高い拘束圧を受けて密に詰められた状態となる。そのため変形しにくく，強度が大きいため，構造物を杭で支える際の支持層となる。一方，緩く詰められた地表面付近の砂層の場合は，地震などの外力が加わると液状化を引き起こすこともある。また粘土に関して，軟弱粘土地盤上に盛土などの構造物を建設する場合の設計における「地盤は，構造物建設終了時が最も危険で，無事建設できれば後は時間とともにより安全になる」という設計概念を挙げることができる。構造物建設時において粘土地盤の密度はさほど変化しないが，構造物荷重が増えるので地盤は変形が大きく，状態は不安定化へと向かう。一方，建設後は荷重が一定となり，構造物の荷重で地盤内の間隙水が絞り出され，密度が時間とともに上昇し，地盤の状態はより安定へと向かうのである。このように地盤材料は，密度の違いで変形挙動や強度特性が異なるという性質を持つ。すなわち，地盤材料を取り扱う場合は，微小な変形から大変形までをも考慮する必要がある。

このように地盤材料は他の材料と大きく異なる特徴を持つにもかかわらず，

[†] 圧縮性流体など，他分野においても圧縮性を有する材料は存在する。

土木構造物のほとんどは地盤上か，地盤中に設置される。そのため，土木構造物の設計においては，構造物だけでなく，地盤の挙動も含めた構造物全体の系としての機能を検討する必要がある。例えば鋼構造物やコンクリート構造物に対し，その構造物自体を高品質に製造しても，基礎にある地盤がその品質と整合していないと，構造物全体の系としての機能は失われる可能性がある。河川構造物や海岸構造物に対しても，同様に水と地盤の連成を含む構造物全体の系として設計する必要がある。

近年，頻繁に起こる地震や豪雨などの自然災害に対して構造全体としての機能を確保するためにも，土木分野や建築分野において地盤力学の果たす役割は非常に高まっているといえる。

演習問題

〔1.1〕 青山 士（あきら）（土木学会第23代会長）に関する文献を調査し，青山の業績をまとめ，土木技術や土木技術者のあるべき姿を自分の言葉で述べなさい。

〔1.2〕 明治から昭和にかけての青山 士以外の土木技術者に関する文献を調査し，業績をまとめ，感想を述べなさい。

〔1.3〕 周辺にある地盤構造物を選び，実際に見学して，その地盤構造物の歴史や役割などを調べなさい。

〔1.4〕 近年に起こった地盤災害を調べなさい。

〔1.5〕 本章で挙げたもの以外に地盤材料の特徴を挙げなさい。

2章 土の基本物理量・土の分類

◆ 本章のテーマ

　土は，土粒子，水，空気の三相で構成されるため，基本となる物理量はそれを反映した諸量となる。本章では，三笠[1]の提示した土の固有な性質を表す指標と，状態を表す指標に注目しつつ，四つの基本物理量を説明する。そして土の分類について二つの方法を説明し，地盤材料の工学的分類体系を紹介する。また土の特徴として，土の種類が同じであっても状態によって異なる性質を示すことから，土の状態を表す指標について解説する。本章の目的は，地盤力学を学ぶ上で，他の材料と違う土の基本物理量とその意味を理解することにある。

◆ 本章の構成（キーワード）

2.1 土の構成と基本物理量
　　示相モデル，土骨格，間隙比，比体積，含水比，飽和度，土粒子密度と比重，土に関する五つの密度，土被り圧，有効土被り圧
2.2 土の分類
　　粒度による分類，コンシステンシー限界による分類，地盤材料の工学的分類体系
2.3 土の状態を表す代表的な諸量
　　相対密度，コンシステンシー指数，液性指数，鋭敏比

◆ 本章を学ぶと以下の内容をマスターできます

- ☞ 土の四つの基本物理量の定義とそれらの関係
- ☞ 土の状態によって異なる密度の定義
- ☞ 地盤材料の代表的な分類方法
- ☞ 地盤材料の状態を表す諸量

2.1 土の構成と基本物理量

2.1.1 三相で構成される土

土は，土粒子（固相），水（液相），空気（気相）の三相で構成される。図1.1で示した土の模擬図に基づいて，構成される各相に対して単純化した示相モデルを**図2.1**に示す。この示相モデルをもとに，土の基本物理量を説明する。地盤力学において，土粒子は外力によって圧縮したり破壊したりしないと理想化される[†]。非圧縮の土粒子が**土骨格**（soil skeleton）を形成し，外力に応じて土骨格が変形する。土粒子

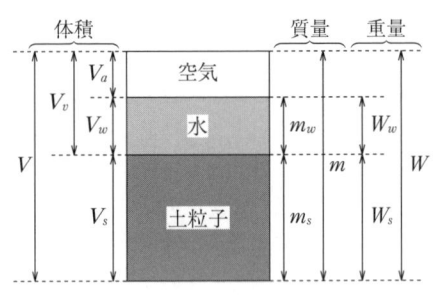

図2.1 土の示相モデル

どうしの間隙にある水もまた非圧縮であり，一方空気は圧縮性を有している。土骨格の変形に応じて，間隙から水や空気が境界の外に出たり，あるいは境界から水が間隙に入ったりして，土は圧縮も膨張もするのである。ここでは体積をvolumeのV，質量をmassのmとし，添え字として固相にはsolidのs，液相にはwaterのw，気相にはairのaを用いる。また，間隙はvoidであることから添え字をvとする。

三笠[1]は，工学的に問題となる土の性質について，土に固有な性質としての一次性質と，状態によって変わる二次性質に大別し，それら性質の相互関係を示し，土のおもな工学的性質および試験法の分類表を作成した。この表は，土の力学的性質に影響を与える因子を土の種類と状態に分け，さらに状態を密度，含水量，骨格構造に分けるという考え方に基づいて作成されている。ここでは，そのすべてを示すことはせずに詳細は文献1）に譲り，最も基本となる

[†] 実際の地盤材料の中では，花崗岩の風化土であるまさ土，しらす，火山灰土などのように外力によって粒子破砕が生じやすい材料もあり，力学特性にも影響を与えることから，粒子破砕に関する研究も盛んになっている。

物理量として，**間隙比**（void ratio），**含水比**（water content），**飽和度**（degree of saturation），**土粒子密度**（soil particle density）と**比重**（specific gravity）を挙げる．なお三笠によれば，前半の三つが二次性質で，土粒子密度と比重が一次性質に分類される．

2.1.2 四つの基本物理量

〔1〕 **間 隙 比**　間隙比 e は土の状態を表す指標の中で最も重要な物理量の一つである．その定義は，土粒子の体積 V_s に対する間隙の体積 V_v の比で与えられる．

$$e = \frac{V_v}{V_s} \tag{2.1}$$

土は外力により圧縮・膨張する．しかし土粒子の体積は変化せず，変化するのは間隙の体積である．そのため，変化しない土粒子の体積を基準とする．土粒子の体積を 1 としたときの間隙の体積が間隙比 e であり，土粒子の体積を 1 としたときの土の体積は**比体積**（specific volume）と呼ばれ，v で表される．

$$v = 1 + e \tag{2.2}$$

間隙比 e，あるいは比体積 v は，土を構成する土粒子の詰まり具合を意味する．同じ土であっても間隙比が小さければ，土粒子は密に詰まっており，その強度は大きくなる．また土の種類に応じて，その土が存在しうる状態は異なる．間隙比は通常，砂であれば 0.5 から 1.1 程度，粘土であれば 1.5 から 3.0 程度の値をとる．

間隙率（porosity）n は，土の体積 V に対する間隙の体積 V_v の百分率で定義される．式 (2.2) より n は次式のように表される．

$$n = \frac{V_v}{V} \times 100 = \frac{e}{1+e} \times 100 = \frac{e}{v} \times 100 \quad [\%] \tag{2.3}$$

〔2〕 **含 水 比**　含水比 w は，間隙比と同様，土の状態を表す指標の中でも最も重要な物理量の一つである．間隙比が体積に関する指標であったのに対し，含水比は質量に関する指標であることに注意が必要である．その定義

は，土粒子の質量 m_s に対する水の質量 m_w の百分率であり，比ではない。空気の質量は 0 であることから，間隙の質量は水の質量となる。

$$w = \frac{m_w}{m_s} \times 100 \quad [\%] \tag{2.4}$$

〔3〕 **飽 和 度**　　飽和度 S_r は，間隙の体積 V_v に対し，どの程度水の体積 V_w が占めているかを百分率で表したものである。

$$S_r = \frac{V_w}{V_v} \times 100 \quad [\%] \tag{2.5}$$

$S_r = 100\%$ とは間隙がすべて水で満たされた状態であり，そのような状態の土を**飽和土**（saturated soil）と呼ぶ。本書における地盤力学の理論体系の前提は，土を飽和土として扱っていることである。

〔4〕 **土粒子密度と土粒子比重**　　土粒子密度 ρ_s は，密度の定義から，土粒子体積 V_s に対する土粒子質量 m_s の比である。

$$\rho_s = \frac{m_s}{V_s} \quad [\text{g/cm}^3] \tag{2.6}$$

土粒子の比重は，水の質量 m_w に対する，水と同体積の土粒子の質量で定義され，したがって，水の密度 ρ_w に対する土粒子密度 ρ_s の比に等しい。G_s の記号を用いて表される無次元量である[†]。

$$G_s = \frac{\rho_s}{\rho_w} \tag{2.7}$$

〔5〕 **四つの基本物理量の関係**　　間隙比，含水比，飽和度，土粒子密度（あるいは比重）の四つの基本物理量は，それらを結びつける関係式が存在する。簡単な式変形で以下を得る。

$$e\rho_w S_r = w\rho_s \tag{2.8}$$

式 (2.8) を用いて以下の手順で，与えられた土から四つの基本物理量を求めることができる[2]。ただし，ρ_s（あるいは G_s）と土の体積 V は計測できたものとする。

① 与えられた土に対し，湿潤のまま質量 m を測る。

---

† 温度補正については実験書を参照されたい。

2.1 土の構成と基本物理量

② 土を炉乾燥して，乾燥質量すなわち土粒子の質量 m_s を測定する。

③ 水の質量 m_w は，$m_w = m - m_s$ により得られる。

④ ② と ③ から，式 (2.4) を使って含水比 w が求められる。

⑤ $m_s = \rho_s V_s$ より，土粒子の体積 V_s が求められる。

⑥ $V_v = V - V_s$ から，式 (2.1) を使って間隙比 e が求められる。

⑦ 式 (2.8) より，飽和度 S_r が求められる。

ρ_s（あるいは G_s）を計測するのは容易だが，間隙比を変えずに土の体積 V を計測するのは，質量を測るのに比べて難しいことに注意が必要である。

2.1.3 土に関する五つの密度と単位体積重量

土は，図1.4で示されるように，土粒子，水，空気の三相で構成されるがゆえに，他の材料と違い，五つの密度が定義される。すなわち，**図2.2**に示す湿潤密度 ρ_t，飽和密度 ρ_{sat}，乾燥密度 ρ_d，水中密度 ρ'，そして土粒子密度 ρ_s である。以前は，密度の代わりに単位体積重量が用いられた。単位体積重量は，もちろん密度に重力加速度 g を乗ずることで換算できる。図2.1の示相モデルを参考に，以下に定義を示す。

（1） 湿潤密度：$\rho_t = \dfrac{\rho_s + \rho_w e \dfrac{S_r}{100}}{1+e} = \dfrac{\rho_s \left(1 + \dfrac{w}{100}\right)}{1+e}$ 〔g/cm³〕 (2.9)

（2） 飽和密度：$\rho_{sat} = \dfrac{\rho_s + e\rho_w}{1+e}$ 〔g/cm³〕 (2.10)

 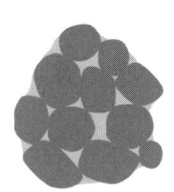  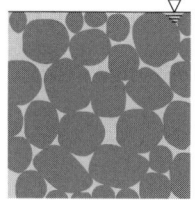

（a）湿潤密度　（b）飽和密度　（c）乾燥密度　（d）水中密度

図2.2　土についての4種類の密度

(3) 乾燥密度：$\rho_d = \dfrac{\rho_s}{1+e} = \dfrac{\rho_t}{1+\dfrac{w}{100}}$　〔g/cm³〕　　　　(2.11)

(4) 水中密度：$\rho' = \rho_{sat} - \rho_w = \dfrac{\rho_s - \rho_w}{1+e}$　〔g/cm³〕　　　　(2.12)

（1）の湿潤密度から，$S_r = 100\%$ とすると（2）の飽和密度となり，$S_r = 0\%$ とすると（3）の乾燥密度になる。（4）の水中密度については，図2.3に示すように，示相モデルを水中に沈めたときの力のつり合いを考えることにより得られる。間隙の水は水中なので考えなくてよく，土粒子には重力により鉛直下向きに $\rho_s g V_s$，鉛直上向きには浮力として $\rho_w g V_s$ が働く。そして土の体積 $V = V_s(1+e)$ より，水中単位体積重量 $\rho' g$ が求められる。

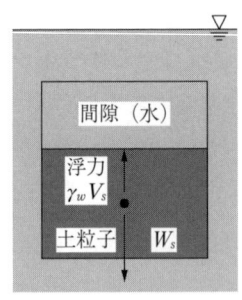

図2.3　水中単位体積重量

$$\rho' g = \dfrac{\rho_s g V_s - \rho_w g V_s}{V_s(1+e)} = \dfrac{\rho_s - \rho_w}{1+e} g \qquad (2.13)$$

水中密度は，式（2.13）を重力加速度 g で除したものである。そして，土粒子密度は土粒子自身の密度であることから，（1）～（3）のどの密度に対しても間隙比を0とした密度に対応する。

2.1.4　各状態における鉛直土被り圧分布

地盤のある深さ z の水平面において，その面より上の土の自重によって受ける鉛直応力のことを**土被り圧**（overburden pressure）といい，鉛直応力の σ_v を記号として用いることにする。地盤を構成する土の密度を ρ（単位体積重量を γ）とすると，土被り圧 σ_v は

$$\sigma_v = \gamma z = \rho g z \qquad (2.14)$$

となる。地盤中の地下水位の位置によって，また地盤が乾燥しているか，湿潤状態かによって，異なる密度（あるいは単位体積重量）を用いる。図2.4は，深さ z_1 に地下水位があり，その上側で湿潤状態にある地盤の土被り圧分布を

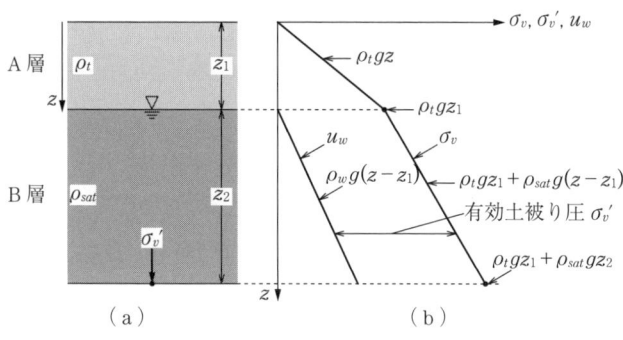

図 2.4 地盤の土被り圧分布

示す。A 層（砂層）において湿潤密度を ρ_t とすると，土被り圧分布は $\sigma_v = \rho_t g z$ となり，B 層（粘土層）は飽和密度を ρ_{sat} とすると，$\sigma_v = \rho_{sat} g(z-z_1) + \rho_t g z_1$ となる。また B 層には静水圧も発生しており，静水圧分布は $u_w = \rho_w g(z-z_1)$ となる。B 層において土被り圧分布から静水圧分布を引くと，**有効土被り圧**（effective overburden pressure）σ'_v が得られる[†1]。

2.2 土 の 分 類

2.2.1 粒度による分類（粗粒分の分類）

土は自然材料であることから，地盤の生成過程の違いなどで，さまざまな粒径や材質の土粒子を有する。さらにその混じり具合，すなわち**粒度**（grain size distribution）の違いは地盤の変形挙動に影響を与える。したがって，土粒子の粒度による分類は工学的にも有用である。ここでは粒度試験について概説し，粒度試験から得られる物理量の性質を示す。

粒径については，図 2.5 に示すような区分と呼び名が決められている。**土質材料**[†2]（soil material）は 75 mm 未満の粒径で定義され，その中で 0.075 mm

---

[†1] 有効土被り圧の「有効」の意味は 4 章で詳しく述べる。
[†2] 地盤材料は石の含有率によって三つに分類され，石分が 50 ％以上を岩石質材料 Rm，0 ％より多く 50 ％未満を石分まじり土質材料 Sm-R，石分が含まれないものを土質材料 Sm と呼ぶ。

| 粒径 [mm] |
| 0.005 | 0.075 | 0.25 | 0.85 | 2 | 4.75 | 19 | 75 | 300 |

粘土	シルト	細砂	中砂	粗砂	細礫	中礫	粗礫	粗石(コブル)	巨石(ボルダー)
		砂			礫			石	
細粒分		粗粒分						石 分	

図 2.5 地盤材料の粒径区分とその呼び名
(地盤工学会編：地盤材料試験の方法と解説, p. 55 (2009))

未満は**細粒分**（fine fraction），0.075 mm 以上は**粗粒分**（coarse fraction）と定義される．さらに細粒分においては，0.005 mm 未満は**粘土**（clay fraction），0.005 mm 以上は**シルト**（silt fraction），粗粒分においても 2.0 mm 未満は**砂**（sand fraction），2.0 mm 以上は**礫**（gravel fraction）と呼ばれる．土質材料は，細粒分，砂分，礫分の三つの成分からなるため，3 成分の割合を百分率で表した上で三角座標を用いて整理することにより，さらに詳細な土の分類が可能となる．三角座標は，図 2.11 で示す粗粒土の小分類において用いられる．

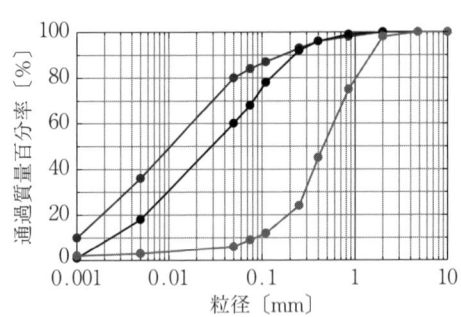

図 2.6 典型的な土の粒径加積曲線の例

粒度とは，土を構成する土粒子を粒径によって区分けしたときの分布状態のこと[3]であり，一般的に粒度試験により，**図 2.6 に示す粒径加積曲線**（grain size distribution curve）で整理される．縦軸はふるいを通過した質量百分率，横軸は粒径の対数表示である．粒度試験の詳細は文献 4) に譲るとして，そのポイントのみ以下に示す．

① 粒径が 0.075 mm 以上の粗粒分はふるい分析試験で，0.075 mm 未満の細粒分は沈降分析試験で行う．

② 粘土粒子の界面作用により，土粒子が団塊を形成しやすいことから，2.0 mm ふるい通過分の土に対し，沈降分析試験を行い，その後 0.075 mm 以上の土に対しふるい分析試験を行う．

粒径加積曲線の勾配がなだらかである土とは，粒径の異なる土粒子が幅広く

分布している土を表し，そのような土を**粒径幅が広い土**（well-graded soil）といい，逆に勾配が急で，特定の粒径に集中する土を**分級された土**（poorly-graded soil）あるいは**集中粒径の土**（uniformly graded soil）という[3]。このような粒度配合の違いはその力学的性質にも影響する。したがって粒度配合を数値として表すため，ふるい通過質量百分率が10 %，30 %，50 %，60 %である粒径を，それぞれ D_{10}，D_{30}，D_{50}，D_{60} と書き，D_{10} を**有効径**（effective grain size），D_{50} を**平均粒径**（mean grain size）と定義する。そして粒径加積曲線の形状の記述に**均等係数**（uniformity coefficient）

$$U_c = \frac{D_{60}}{D_{10}} \tag{2.15}$$

や，**曲率係数**（coefficient of curvature）

$$U'_c = \frac{(D_{30})^2 D_{60}}{D_{10}} \tag{2.16}$$

を用いる。均等係数は粒径加積曲線の傾き（粒径幅の広さ）を，曲率係数は粒径加積曲線のなだらかさを表す。細粒分5 %未満の粗粒土に対して $U_c > 10$ かつ $U'_c = 1 \sim 3$ の土は，粒径幅が広い土といわれる。

土の粒度と力学的性質については，一般に粒径加積曲線がなだらかであると**締固め**（compaction，11章で詳述）により高い密度の土が得られ，強度が高く，圧縮性，透水性の低い良質な土になるといわれている。

2.2.2 コンシステンシー限界による分類（細粒分の分類）

粒径加積曲線から細粒分の粒度も知ることができるが，細粒土に関しては，粒度よりもむしろ土粒子の界面作用が物性や力学的性質に影響を及ぼす。土粒子の界面作用は，土粒子の間隙にある水，すなわち含水比に大きく依存する。したがって細粒分を多く含む土は，与えられた外力に対し，含水比の変化に応じて変形抵抗が変わる。この性質を土の**コンシステンシー**（consistency）という。以下，土のコンシステンシーについて，**図2.7**に基づき説明する。

細粒土が保持する水分には，重力の作用によって土中を移動する**自由水**

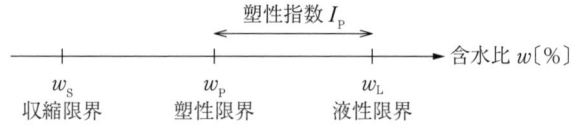

図2.7 含水比とコンシステンシー限界

(free water, 重力水ともいう) と, 移動しない**結合水** (bound water) とがあり, 前者は土粒子の結合を弱め, 後者は結合を高める働きがある。細粒土の水分がすべて結合水であれば, 土の変形抵抗は大きい。しかし土に結合水以上の水分を加えていくと, この水は自由水として働いて土粒子の結合を弱め, 土の変形抵抗がしだいに減少し, やがて液状になる。土が液状になる最小の含水比は**液性限界** (liquid limit) と呼ばれ, w_L で表される。逆に土を乾燥させていくと結合水も徐々に減少するが, 土粒子の結合に関与できる結合水が存在する限り, 土は塑性体として挙動し, 変形抵抗も発揮する。そのぎりぎりの含水比は**塑性限界** (plastic limit) と呼ばれ, w_P で表される。さらに乾燥させると, 土はこれ以上乾燥させても体積収縮しない状態になり, 土は固体としての挙動を示す。体積収縮しない限界の含水比は**収縮限界** (shrinkage limit) と呼ばれ, w_S で表される。w_L, w_P, w_S を**コンシステンシー限界** (consistency limit) あるいは**アッターベルグ限界** (Atterberg limit) という。

界面作用の大きい, 粘土分を多く含む土は, 多くの水分を保持しながら塑性体を維持できることから, その w_L は大きな値を示す。一方, w_P は w_L ほどの変化はない。w_L と w_P の差

$$I_P = w_L - w_P \tag{2.17}$$

は土が塑性体でありうる範囲を示す指標であり, I_P は**塑性指数** (plasticity index) と呼ばれる。水を多く保持できる土は I_P が大きい。

w_L や I_P の大きい土は, 多くの水分を保持できる粘土分を多く有しているから, 自然に堆積した地盤の密度は小さくなっており, 自然含水比も大きい。このような土は圧縮されやすく, 圧縮性を表す圧縮指数 C_c[†] が大きくなる。圧縮

[†] 標準圧密試験によって得られる圧縮指数の定義については4章で述べる。

指数は経験的に

$$C_c = a(w_L - b) \tag{2.18}$$

で表され，定数 a, b は粘土粒子の材質によって変わる[5]。もちろん，練り返した土に対しても同様のことがいえ，**スケンプトン**（Skempton）は以下の関係式を提案している[6]。

$$C_{cr} = 0.007(w_L - 10) \tag{2.19}$$

さらに，**活性度**（activity）A がスケンプトンによって，以下のように定義されている[7]。

$$A = \frac{I_P}{0.002\,\text{mm 以下の粘土の含有量〔\%〕}} \tag{2.20}$$

活性度は，構成する**粘土鉱物**（clay mineral）の保水性や表面活性の影響を受ける。

コンシステンシー限界を用いて細粒分を分類する際，**図 2.8** に示す塑性図が用いられる。図では，A 線：$I_P = 0.73(w_L - 20)$ と B 線：$w_L = 50$ によって細粒土を含む土を分類している。土の状態が w_L 線に近い土は w_P が大きく，粗粒土に近い性質を示す。また，45° 線に近い土は w_P が小さく，粘性土の性質を

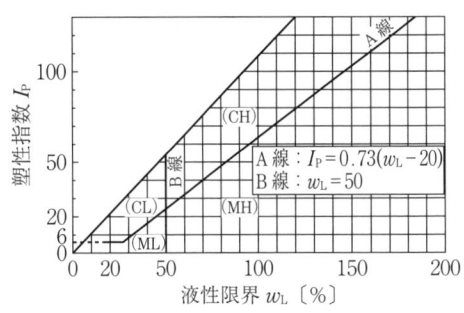

図 2.8 塑性図[8]
（地盤工学会編：地盤材料試験の方法と解説，p.57（2009））

示す。A 線は**カサグランデ**（Casagrande）が提案したものである[8]。A 線の上側の土は界面作用の大きな土であり，下側の土はシルトのように界面作用が小さい土である[2]。

2.2.3　地盤材料の工学的分類体系 [4]

わが国で，現在用いられている地盤材料の工学的分類方法について説明する。地盤材料の分類に用いる試験は，材料の観察と 2.2.1 項で示した粒度試

験，そして 2.2.2 項でのアッターベルグ限界試験である。さらに粒度試験結果を三角座標上で分類し，アッターベルグ限界試験結果を塑性図上で分類したり，液性限界等，コンシステンシー限界により分類したりする。

まず図 2.9 に示すように，地盤材料は**石分**（stone fraction）の割合に応じて三つに分類される。以下では特に石分が 0 ％の土質材料 Sm を対象とする。つぎに図 2.10 の土質材料の工学的分類体系（大分類）では，粒径と観察により，土質材料は四つの土質材料区分，すなわち粗粒土，細粒土，高有機質土，人工材料に分類される。さらに粗粒土は二つの土質区分，礫質土と砂質土に，細粒土は三つの土質区分，粘性土，有機質土，火山灰質粘性土に分類される。

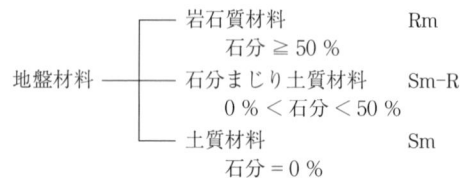

注：含有率〔％〕は地盤材料に対する質量百分率。

図 2.9 地盤材料の工学的分類体系
　　　（地盤工学会編：地盤材料試験の方法と解説，p.55（2009））

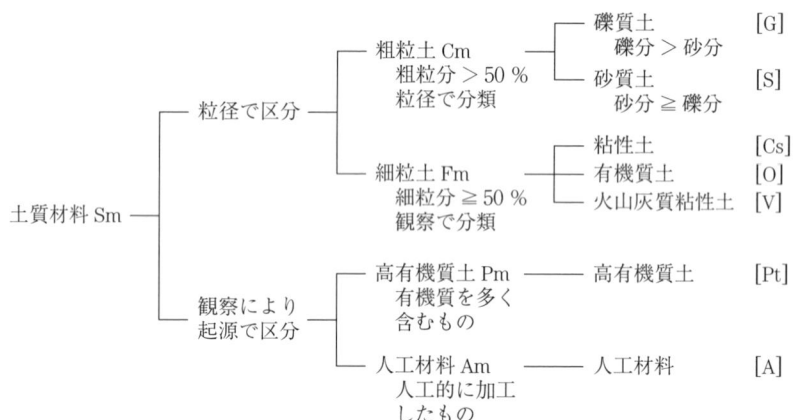

注：含有率〔％〕は土質材料に対する質量百分率。

図 2.10 土質材料の工学的分類体系（大分類）
　　　（地盤工学会編：地盤材料試験の方法と解説，p.55（2009））

2.2 土の分類

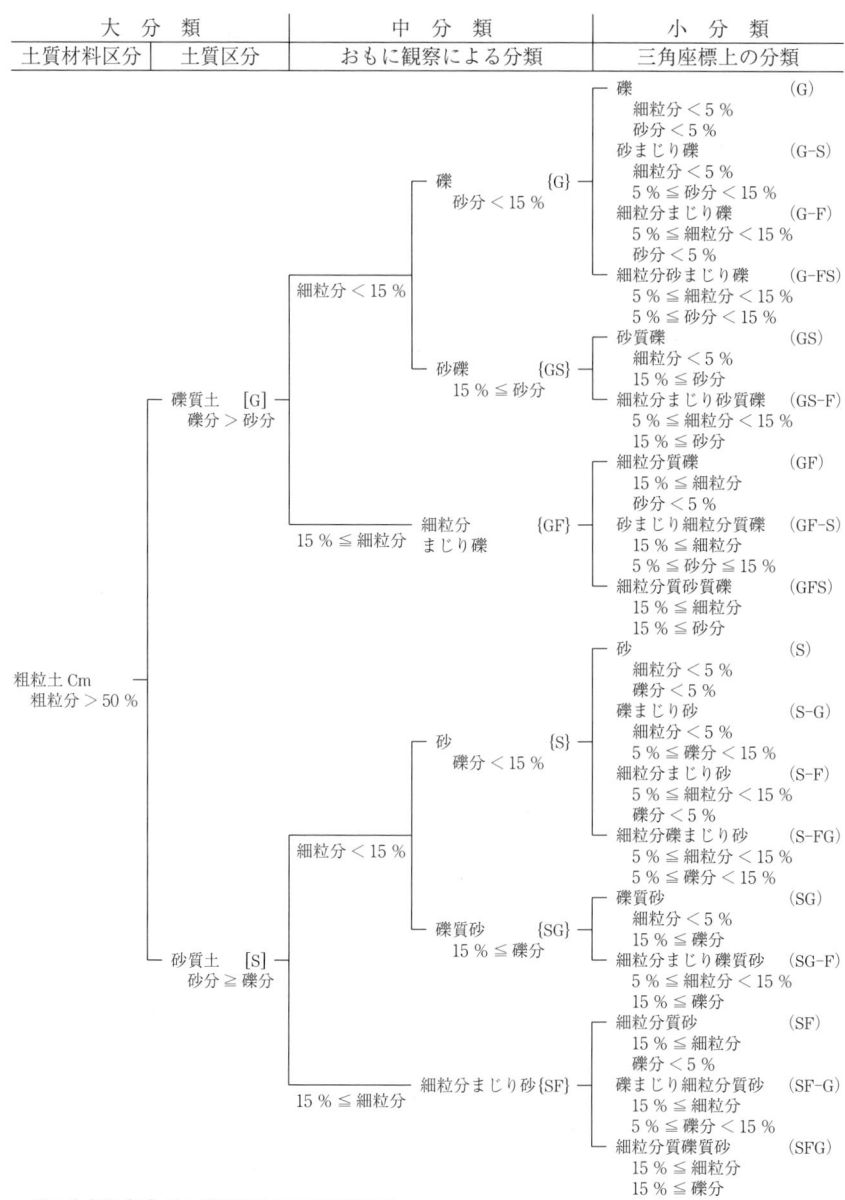

注:含有率〔%〕は土質材料に対する質量百分率。

図 2.11 粗粒土 Cm の工学的分類体系
(地盤工学会編:地盤材料試験の方法と解説, p. 56 (2009))

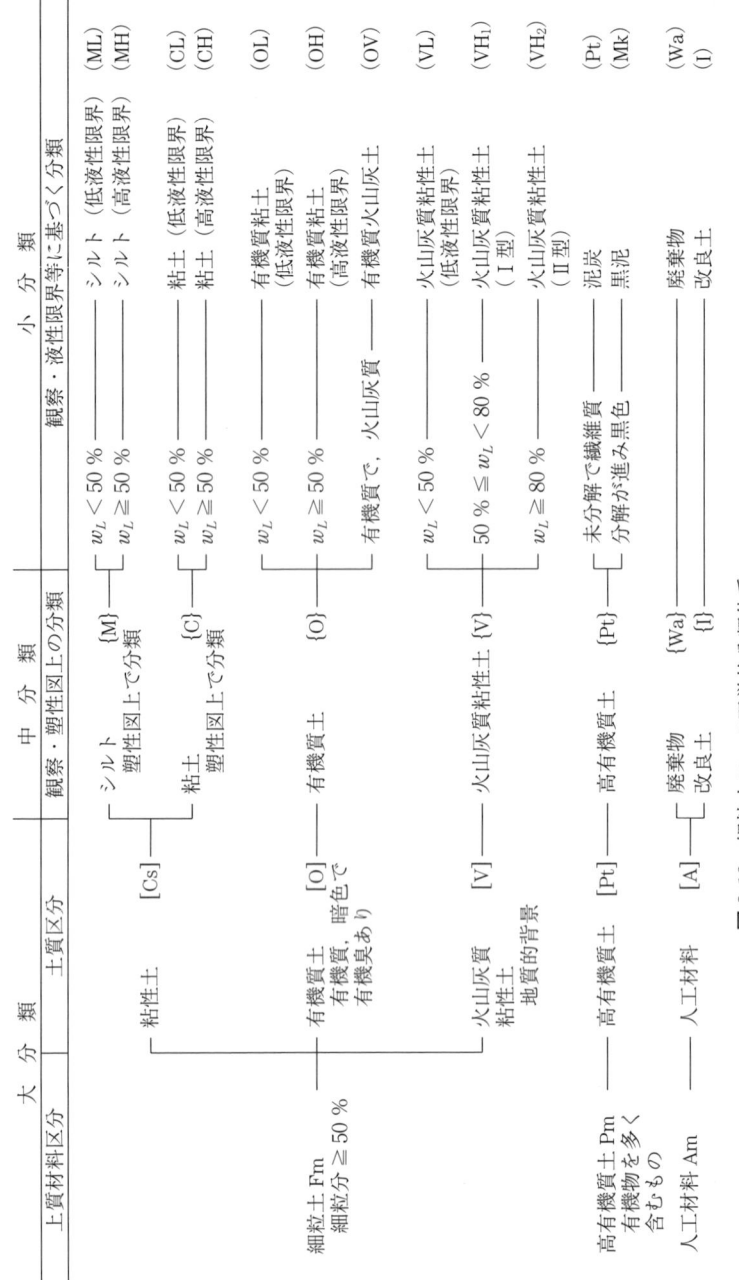

図 2.12 細粒土 Fm の工学的分類体系
(地盤工学会編：地盤材料試験の方法と解説, p. 56 (2009))

図 2.11（19ページ）の粗粒土の工学的分類体系では，中分類としておもに観察による分類を，小分類として三角座標上の分類を行う。同様に細粒土の工学的分類体系を図 2.12 に示す。中分類として観察・塑性図上の分類が，小分類として観察・液性限界等に基づく分類がなされる。

2.3 土の状態を表す代表的な諸量

三笠[1]は，土の力学的性質に影響する因子のうち土の状態について，密度，含水量，骨格構造という独立な三つの因子に分けた。ここでは，密度の代表値として**相対密度**（relative density）D_r，含水量に対応する諸量としてコンシステンシー限界を用いた指標，骨組構造を表す諸量として**鋭敏比**（sensitivity）を挙げる†。これらは特に，自然に存在する土あるいは地盤の状態についての有用な情報を提供する。

2.3.1 相対密度

堆積した砂地盤（砂層）について，その間隙比を測ることは一般に困難である。サンプリング時の乱れや，地中からの応力解放による緩みなど，砂供試体が大気中で自立できないことを想像すれば，その理由は容易に理解できる。凍結サンプラーなどにより，自然状態の砂層の密度，間隙比が計測されたとき，その地盤の締まり具合や，堆積状態の良否を簡単に判断する指標として相対密度 D_r がある。自然状態での乱れの少ない砂の間隙比を e，最大・最小間隙比をそれぞれ e_{max}，e_{min} とすると，相対密度は

$$D_r = \frac{e_{max} - e}{e_{max} - e_{min}} \tag{2.21}$$

で定義される。一般に D_r が $0.4 \sim 0.6$ では中密度の砂であり，それより小さいと緩い砂，大きいと密な砂に分けられる。砂の種類が異なれば，D_r が同じでも異なる力学挙動を示しうる。また，最大・最小間隙比は拘束圧によって変

---

† 式 (2.9)〜(2.12) で示した密度も土の状態を表す。

わることにも留意すべきである。

2.3.2 コンシステンシー限界を用いた各指数

自然堆積地盤の自然含水比 w_n に対し，コンシステンシー限界を用いて，**液性指数**（liquidity index）I_L および**コンシステンシー指数**（consistency index）I_C を以下のように定義する。

$$I_L = \frac{w_n - w_P}{w_L - w_P} = \frac{w_n - w_P}{I_P} \tag{2.22}$$

$$I_C = \frac{w_L - w_n}{w_L - w_P} = \frac{w_L - w_n}{I_P} = 1 - I_L \tag{2.23}$$

これらの指数は，自然に堆積した地盤が，その土に固有の液性限界 w_L と塑性限界 w_P の範囲に対し，どのくらいの状態にあるのかを表すものである。w_L と w_P は十分に乱して（捏ねくり返して）得られるために，乱れの少ない自然堆積土では，$w_n > w_L$ となることもありうる。このような緩い状態では $I_L > 1$（または $I_C < 0$）であり，乱れにより液状になりやすい状態であるといえる。一方，I_L が小さく（または I_C が大きく）なると，w_n が小さくなった状態であり，後述する過圧密状態にあると考えられる。

2.3.3 自然堆積した粘性土における鋭敏比と圧縮指数比

自然に堆積した粘性土は，一般に構造を有しているといわれる[†]。三笠のいう骨組構造のことであるが，この構造はカードハウス構造などでイメージされてきた。構造の発達した土は，捏ねくり返すことによって乱されると状態が変化する。自然堆積粘性土の構造の程度は，そのままの状態と**練返し**（remold）により構造が壊された（低位化した）状態とを比較することにより確かめられる。その一つの指標として，次式のように鋭敏比 S_t が定義されている。

$$S_t = \frac{q_u}{q_{ur}} \tag{2.24}$$

---

† 構造の定義については 12.2 節で述べる。

ここに，q_u は乱れの少ない自然堆積土の一軸圧縮強さ[†1]，q_{ur} は q_u と同じ含水比で十分に練り返して行った一軸圧縮強さである。S_t が 4〜8 の場合を鋭敏粘土，8 以上の場合を超鋭敏粘土と呼ぶ。北欧のクイッククレイは S_t が 100 を超える。

S_t はせん断特性に関する構造の程度の指標である。さらに構造の劣化のしやすさの指標[†2]として**圧縮指数比**（compression index ratio）が提案されている。圧縮指数比は，自然堆積土の標準圧密試験（4.4.3項で詳述）による e-$\log \sigma'_v$ 関係と，十分練り返した土の e-$\log \sigma'_v$ 関係において，それぞれの最急勾配を C_c および C_{cr} として，比 C_c/C_{cr} によって定義される。12章で示すように，自然堆積土に対し鉛直応力を与えていくと，徐々に練返しの圧縮線に近づく。すなわち，構造の劣化のしやすさがこの指標に対応する。さらに，**図 2.13** からわかるように，C_c/C_{cr} が 1.5 以上で S_t が 8.0 以上の粘土地盤（図の灰色部）は，長期大沈下が生じる可能性が高いとの報告もある[9]。

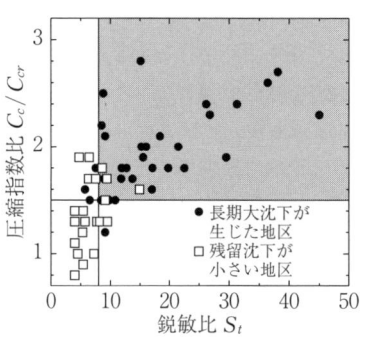

図 2.13 S_t-C_c/C_{cr} による長期大沈下の分類[9]

演習問題

〔2.1〕 ピクノメータを用いた土粒子密度の求め方を説明せよ。
〔2.2〕 式 (2.8) を導け。
〔2.3〕 土の体積 V の求め方を説明せよ。
〔2.4〕 式 (2.9) を導け。

[†1] **一軸圧縮試験**（unconfined compression test）により得られる最大圧縮応力のこと。一軸圧縮強さの半分が非排水せん断強さ c_u である。なお一軸圧縮試験とは，土の円柱供試体に拘束圧を与えず，そのまま軸方向に圧縮・破壊させる試験。
[†2] 土の状態を表す指標ではなく，土の固有な性質を表す指標である。

3章 1次元の力のつり合いと変形

◆本章のテーマ

　4〜6章では，基本的に1次元の応力状態，水の流れ，変形を取り扱うことから，本章では1次元の力のつり合いと1次元応力，変形について解説する．1次元問題として「棒の引張り」を取り上げる．結論は自明なことがほとんどであるが，多くの基本的な概念が現れて，その理解は2次元，3次元問題の理解の基礎となる．本章の目的は，1次元状態において物体に働く力を考察することにより，力のつり合い式や応力の概念を理解することにある．

◆本章の構成（キーワード）

　3.1　1次元の力のつり合いと応力
　　　　1次元状態，力のつり合い式，表面力，応力，引張応力，圧縮応力
　3.2　1次元の変位とひずみの適合条件
　　　　実応力・コーシー応力，変位ベクトル，ラグランジュひずみ，オイラーひずみ，適合条件式

◆本章を学ぶと以下の内容をマスターできます

☞　応力の意味
☞　1次元の力のつり合い式の力学的解釈
☞　ラグランジュひずみとオイラーひずみの違い
☞　適合条件式の意味

3.1　1次元の力のつり合いと応力

図 3.1 のように，現時刻 $t=t$ で 1 次元の棒が引っ張られている状態を考える[†]。座標軸を x 軸とし，軸方向に沿う正の向きの単位ベクトルを i とする。棒は $t=t$ で $x_1 \leqq x \leqq x_2$ の領域を占め，棒の両端が単位面積当り q の大きさの力で引っ張られている。

図 3.1　1次元の棒の引張り

図 3.2 のように，1次元の棒にも「断面積 a」は存在する。1次元の断面積 a の仮定は，① 斜めに切断することはできない（そもそも 1 次元に斜めという概念はない），② いくら引っ張っても，あるいは押しても，断面積 a が増えたり減ったりすることはない，である。

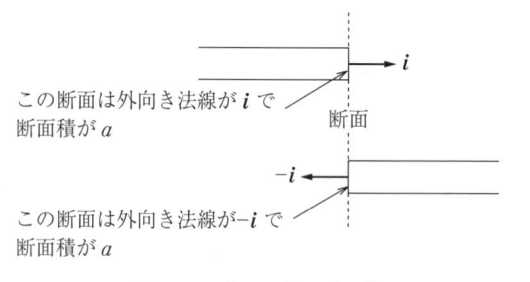

図 3.2　1次元の棒の断面積

したがって，これからは $a=1$，すなわち「単位面積当り」の力を考える。

図 3.1 では，棒の両端に働く力がつり合って棒は止まっている（か等速運動をしている）ので

$$qi + q(-i) = 0 \tag{3.1}$$

が力のつり合い式（運動方程式）を表す。上式は次式と同じである。

$$q - q = 0 \tag{3.2}$$

棒の内部の力の状態は，仮想的に棒を切断して調べることができる。図 3.3 に，$x=x$ で切断された棒の，外向き法線が i の断面に働く（単位面積当りの）**表面力**（traction force）t を示す。力のつり合い式は，次式となる。

[†]　時刻 t は 3.2 節の運動の定義で説明される。

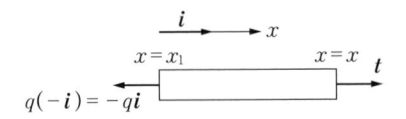

図3.3 外向き法線が i の断面に働く表面力 t

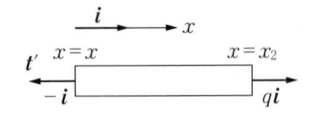

図3.4 外向き法線が $-i$ の断面に働く表面力 t'

$$q(-i) + t = 0 \tag{3.3}$$

切断された反対側の棒に働く表面力 t' を図 3.4 に示す。作用・反作用の法則から，以下の式が成り立つ。

$$t' = -t \tag{3.4}$$

ここで，点 x における表面力 t は外向き法線 i の関数である（$t = t(i)$）と仮定する。すると式 (3.4) は

$$t(-i) = -t(i) \tag{3.5}$$

を表している。式 (3.5) は，t が i の線形関数であることを示唆している。したがって

$$t(i) = T i \tag{3.6}$$

であるが，1 次元なので T はテンソルではなくスカラーとなる†。スカラーとして σ を用いると

$$t(i) = \sigma i \tag{3.7}$$

となる。σ や T は**応力** (stress) と呼ばれ，それぞれ x や $\boldsymbol{x}$ の関数である。そこで，$\sigma = \sigma(x)$ と書き表す。応力 $\sigma(x)$ を用いて，図 3.5 に再度，棒の力のつり合いを示す。いま，t と t' は大きさが $\sigma(x)$ で等しく，向きは i と $-i$ でたが

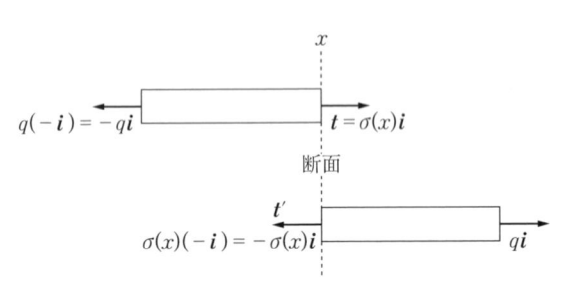

図3.5 左右の棒の力のつり合い

---

† ベクトルをベクトルに写す写像で線形関係にあるものを，2 階のテンソルという。一般に 3 次元では，T は 2 階のテンソルとなる。暗黙の了解で，本書では基底ベクトルを固定して考えているので，テンソルは「行列」であると考えてよい。

3.1 1次元の力のつり合いと応力

いに逆向きである[†1]。応力 $\sigma(x)$ は，それが働く面とその面にどの方向から作用するか，すなわち，面の方向と力の方向の二つのベクトルで決まる。

図 3.6 から，矢印の向きは $i, -i$ に対応し，$\sigma(x)$ の正負とは関係がない。すなわち，（単位面積当りの）力 $\sigma(x)i$ が i 方向を向き，$\sigma(x)(-i)$ が $-i$ 方向を向くときは

$$\sigma(x) > 0 \tag{3.8}$$

であり，このとき応力 $\sigma(x)$ を引張応力と呼ぶ。$\sigma(x)i$ が $-i$ 方向を向き，$\sigma(x)(-i)$ が i 方向を向くときは

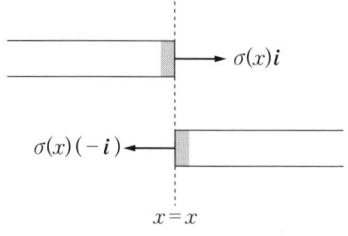

$$\sigma(x) < 0 \tag{3.9}$$

図 3.6 $\sigma(x)$ の正負

となり，このときの応力 $\sigma(x)$ を圧縮応力という。1次元の力のつり合いについて，図 3.3 と式 (3.3) に対し

$$\sigma(x)i - qi = 0 \quad \therefore \quad \sigma(x) = q \tag{3.10}$$

図 3.4 に対し

$$\sigma(x)(-i) + qi = 0 \quad \therefore \quad \sigma(x) = q \tag{3.11}$$

からわかるように，棒の自重を考えないときは

$$\sigma(x) = q \quad (x によらない) \tag{3.12}$$

が力のつり合いの帰結として出てくる。式 (3.12) は

$$\frac{d\sigma(x)}{dx} = 0 \tag{3.13}$$

のように，1変数の微分方程式で書き表される。式 (3.13) を，応力で表された1次元の**力のつり合い式**（equation of equilibrium）という[†2]。

式 (3.13) の力学的解釈について，**図 3.7** を用いて説明する。対象としてき

[†1] 2次元問題では，斜めの切断面 n について

$$t(n) = Tn = \begin{pmatrix} \sigma_{xx} & \sigma_{xy} \\ \sigma_{yx} & \sigma_{yy} \end{pmatrix} \begin{pmatrix} n_x \\ n_y \end{pmatrix}$$

などと書かれ，例えば，σ_{yx} は「外向き法線が x 軸に垂直な面に作用し，y 軸方向の応力」であることや，$\sigma_{xy} = \sigma_{yx}$ などを学ぶ（7.1.1 項を参照）。

[†2] 式 (3.13) の微分方程式には，境界条件は一つで十分である。すなわち，「$x = x_1$ で $\sigma(x) = q$」である。

た棒に対し，$x=x$ から $x=x+dx$ までの微小長さの力のつり合い式は

$$\sigma(x+dx)\boldsymbol{i} + \sigma(x)(-\boldsymbol{i}) = 0 \tag{3.14}$$

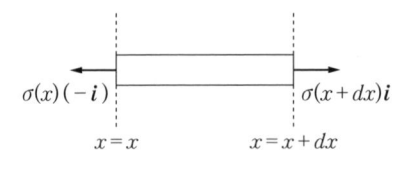

図 3.7 力のつり合い式の解釈

である。したがって $\sigma(x+dx) - \sigma(x) = 0$ となり，$\sigma(x+dx)$ を x まわりにテイラー展開すると式 (3.13) が得られる。

3.2　1次元の変位とひずみの適合条件

前節で説明した応力 $\sigma(x)$ は現時刻 $t=t$ で定義される。これを実応力，または**コーシー**（Cauchy）応力という。ところが，物体の変位は現時刻だけで議論できない。本節では，時刻 $t=0$ から現時刻 $t=t$ までの物体の**運動**（motion）における**変位**（displacement）を説明する[†]。運動開始の時刻 $t=0$ での棒を物質点Xの集合体として，物質点Xの位置ベクトルを $\boldsymbol{X}$ とする。そして現時刻 $t=t$ での物質点Xの位置ベクトルを $\boldsymbol{x}$ とする。すると，変位ベクトルは

$$\boldsymbol{u} = \boldsymbol{x} - \boldsymbol{X} \tag{3.15}$$

で定義される。式 (3.15) は変位 $\boldsymbol{u}$ が $\boldsymbol{x}$ の関数なのか，$\boldsymbol{X}$ の関数なのか，それとも両方の関数なのか区別がつかない。そこで，時刻 $t=0$ における物質点Xの位置ベクトル $\boldsymbol{X}$ を基準にして（$\boldsymbol{X}$ の関数として）

$$\boldsymbol{u}(X,t) = \boldsymbol{x}(X,t) - \boldsymbol{X} \tag{3.16}$$

または，時刻 $t=t$ における物質点Xの位置ベクトル $\boldsymbol{x}$ を基準にして（$\boldsymbol{x}$ の数として）

$$\boldsymbol{u}(\boldsymbol{x},t) = \boldsymbol{x} - \boldsymbol{X}(\boldsymbol{x},t) \tag{3.17}$$

と記述する。式 (3.16) はラグランジュ的な記述，式 (3.17) はオイラー的な記

[†] 本章での物体の運動とは棒の引張りのことである。連続体力学では，棒の性質を持った**物質点**（material point）が連続的に配置した集合体として棒が定義される。運動とは，$t=0$ での物質点の位置ベクトル $\boldsymbol{X}$ と $t=t$ での位置ベクトル $\boldsymbol{x}$ との関係であり，$\boldsymbol{x} = \boldsymbol{x}(X,t)$ で表される。$t=0$ での物体の物質点の領域を**基準配置**（reference configuration），$t=t$ での領域を**現配置**（current configuration）と呼び，基準配置から現配置までの変化を変位と定義する。

述である。本節に限り，時刻 t は必要ないので，式 (3.16), (3.17) の t は省略する。

3.2.1 ラグランジュひずみ

変位 u を時刻 $t=0$ での物質点 X の位置ベクトル X の関数として表す。1次元なので，u, X をスカラーとして

$$u = u(X) \tag{3.18}$$

と表す。変位 $u(X)$ の定義域は，時刻 $t=0$ での棒の範囲

$$X_1 \leqq X \leqq X_2 \tag{3.19}$$

で与えられる（図 3.8）。

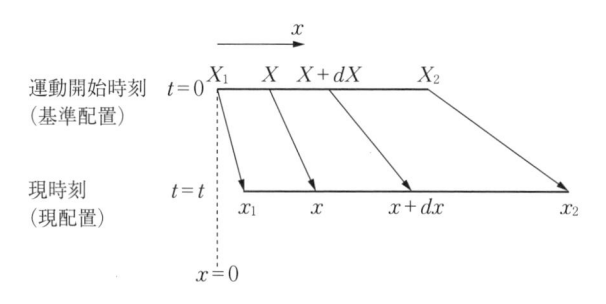

図 3.8 1次元の変位

時刻 $t=t$ での物質点 X の座標[†1]は，式 (3.16) からも

$$x = X + u(X) \tag{3.20}$$

である。一方，時刻 $t=0$ で $x=X+dX$ の位置にあった別の物質点は時刻 $t=t$ では

$$x + dx = X + dX + u(X + dX) = X + dX + u(X) + \frac{du(X)}{dX}dX \tag{3.21}$$

の座標である。ここに dX は正とし，式 (3.20) を式 (3.21) に代入すると次式を得る[†2]。

[†1] 時刻 t=t の現配置の座標を表すのに，小文字 x を使う。
[†2] $t=0$ での物質点 X 近傍の微小線素ベクトル dX が物体の運動に伴って $t=t$ での微小線素ベクトル dx となるとき，$dx = FdX$ と表し，F を**変形勾配テンソル**（deformation gradient tensor）と呼ぶ。

$$dx = dX + \frac{du(X)}{dX}dX = \left(1 + \frac{du(X)}{dX}\right)dX \tag{3.22}$$

dX の長さの変化率 $\varepsilon(X)$ を次式で定義する．

$$\varepsilon(X) = \frac{dx - dX}{dX} \tag{3.23}$$

式 (3.22) から

$$\varepsilon(X) = \frac{du(X)}{dX} \tag{3.24}$$

がわかる．式 (3.24) は**ラグランジュ**（Lagrange）**ひずみ**と呼ばれる．

変位関数 $u(X)$ が増加関数[†]のときは，増加関数の1階微分は正なので，式 (3.24) から $\varepsilon(X) > 0$ となり，このとき伸びひずみ（引張りひずみ）という．逆に $u(X)$ が減少関数のときは $\varepsilon(X) < 0$ であり，これを圧縮ひずみという．式 (3.22) から，次式の関係が成り立たなければならないことがわかる．

$$\frac{du(X)}{dX} > -1 \tag{3.25}$$

さて，変位そのものではなく，なぜひずみ（1次元の場合，長さの変化率）を問題にするのか考察しよう．図3.9 に示すように，時刻 $t=t$ での棒は，力のつり合い状態にあるとき，新たに力を加えなくても剛体的に位置を変えることができる．1次元だから剛体運動に回転はなく，「並進」しかない．すなわち $u(X)$ は，新たな力の変化を伴わず

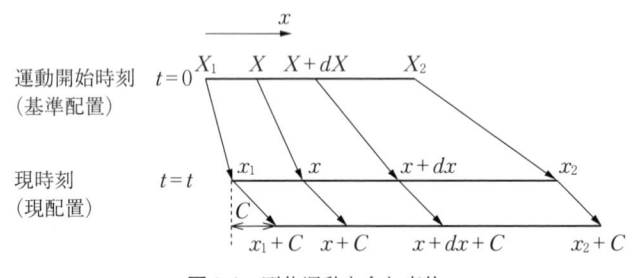

$$u(X) + C \quad (C は X によらない) \tag{3.26}$$

図 3.9　剛体運動を含む変位

[†] どの物質点での変位も $t=t$ で増加して（伸びて）いることを意味する．

となりうる．すなわち，$u(X)$ が $u(X)$ であっても $u(X)+C$ であっても，棒の内部の力学状態は変わらない．式 (3.24) の $\varepsilon(X)$ は，$u(X)$ か $u(X)+C$ かを問わないことに注意すれば[†1]，$u(X)$ そのものよりも棒の力学状態を表すのに適切であることがわかる．

違う見方をすると，変位 $u(X)$ が大きいからといって，その部分だけが大きく変位し，ひずんでいることにはならない．変位 $u(X)$ には物質点 X 以外の左横や右横部分の情報も含まれている．ところが，ひずみを表す式 (3.24) はそうではない．式 (3.24) はこのようなグローバルな情報と局所的な情報がどう適合しているかを示す式として重要で，**適合条件式**（compatibility condition）と呼ばれる．

3.2.2 オイラーひずみ

変位 $\boldsymbol{u}$ を時刻 $t=t$ での物質点 X の位置ベクトル $\boldsymbol{x}$ の関数として表せばどうなるか．式 (3.17) について，やはり 1 次元なので $\boldsymbol{u}$，X をスカラーとして，図 3.8 を参照すると，変位ベクトル $u(x)$ は

$$x = X(x) + u(x) \tag{3.27}$$

となる[†2]．物質点 X 近傍の座標 $x = x + dx$ は，dx を正の向きにとり

$$x + dx = X + dX + u(x+dx) = X + dX + u(x) + \frac{du(x)}{dx}dx \tag{3.28}$$

と書けるので，式 (3.27) に式 (3.28) を代入して

$$\left(1 - \frac{du(x)}{dx}\right)dx = dX \tag{3.29}$$

となる．したがって，変位 u を現配置 x の関数とするときは上式から

$$\tilde{\varepsilon}(x) = \frac{dx - dX}{dx} = \frac{du(x)}{dx} \tag{3.30}$$

となり，長さの変化率を定義するのが素直であることがわかる．$\tilde{\varepsilon}$ は**オイラー**

[†1] 変位はポテンシャルであるといえる．同様の話題は，5 章の水頭（ヘッド）$h(\boldsymbol{x})$ で登場する．ポテンシャルについては，10.4 節の脚注で説明される．

[†2] 運動 $\boldsymbol{x}=\boldsymbol{x}(X,t)$ は逆が解けて，$X=X(\boldsymbol{x},t)$ となる．ここでは t を考慮しない場合の 1 次元問題とすれば，$X=X(x)$ となる．

(Euler) ひずみと呼ばれる。$\tilde{\varepsilon}(x)>0$（$u(x)$ が増加関数）が伸び（引張り）ひずみ，$\tilde{\varepsilon}(x)<0$（$u(x)$ が減少関数）が圧縮ひずみになることは dx と dX の長さの関係から明らかだが，変位関数 $u(x)$ の物理的制約条件は，今度は dx が正のもとで $dX>0$ なので，次式となる。

$$\frac{du}{dx}<1 \tag{3.31}$$

式 (3.30) についても，局所的ひずみとグローバルな変位との関係を示し，適合条件式と呼ばれる。

演習問題

〔3.1〕 図 3.1 を参考に，式 (3.13) の微分方程式を解け。

〔3.2〕 図 3.10 で力のつり合いは $\sigma(x_1)(-\boldsymbol{i})+\sigma(x_2)\boldsymbol{i}=\boldsymbol{0}$，したがって，$\sigma(x_1)-\sigma(x_2)=0$ となる。$\sigma(x)$ を x の連続関数として，微分積分学の基本定理から式 (3.13) を導け。

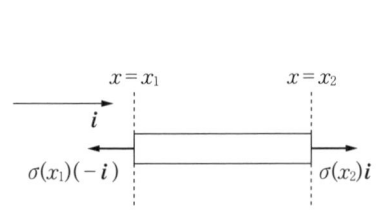

図 3.10　1 次元の力のつり合い

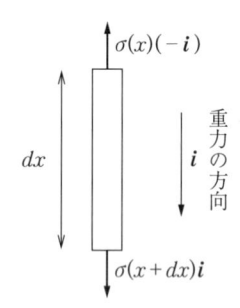

図 3.11　棒の自重を考慮した 1 次元の力のつり合い

〔3.3〕 図 3.11 のように，棒の自重があるときの 1 次元のつり合い式を導け。ただし，図のように座標軸の正の向きをとった場合と，反対向きを正にとった場合の二つの場合について導け。なお，重力加速度を g，棒の密度を ρ とする。

〔3.4〕 横軸に dx と dX の比 $J=dx/dX$，縦軸にひずみ（$-100 \sim 100\,\%$）をとり，ラグランジュひずみとオイラーひずみをグラフにして比較せよ。

4章 有効応力の原理と1次元圧縮挙動

◆ 本章のテーマ

テルツァーギにより提案された有効応力の原理は，地盤力学の最も基礎となる重要な概念であり，地盤力学を他の材料力学と区別して特徴づける重要な原理である。本章では，自重を考慮した1次元の力のつり合い式を示した後，1次元状態に絞って思考実験を行いながら有効応力の原理を理解する。そして，載荷重一定のもと，間隙水圧の減少に伴う有効応力の増加に応じて，土が時間とともに圧縮する1次元圧密現象を理解する。さらに，標準圧密試験結果から飽和土の圧縮特性を示し，間隙比 e と鉛直有効応力の対数軸の平面上で圧縮線が直線になる，いわゆる e-$\log p$ 関係を示す。

◆ 本章の構成（キーワード）

4.1 自重を考慮した1次元の力のつり合い式
    圧縮応力，応力で表された力のつり合い式
4.2 有効応力と地盤内鉛直有効応力分布
    有効応力，全応力，間隙水圧，水中単位体積重量
4.3 有効応力の原理と1次元圧縮挙動
    有効応力の原理，圧縮，圧密
4.4 標準圧密試験機による飽和粘土の1次元圧縮挙動
    標準圧密試験機，鉛直有効応力，静止土圧係数，可能領域・不可能領域，e-$\log p$ 関係，圧縮指数，膨潤指数，正規圧密土，過圧密土，弾性体，弾塑性体，最終沈下量

◆ 本章を学ぶと以下の内容をマスターできます

☞ 有効応力の原理と有効応力の「有効」の意味
☞ 標準圧密試験機の特徴
☞ 1次元圧縮挙動の特徴と，土の状態がとりうる範囲
☞ 1次元圧縮挙動における最終沈下量の算出

4.1 自重を考慮した1次元の力のつり合い式

本節では，地盤の1次元圧縮・圧密挙動を説明するため，自重を考慮した地盤の1次元の力のつり合い式を導く．**図4.1**に示すように，現時刻 $t=t$ で1次元問題として地盤が圧縮されている状態を考える．座標軸としての z 軸は，重力加速度と同方向の鉛直下向きを正にとり，単位ベクトルを $\boldsymbol{i}$ とする．地盤は $t=t$ で $z_1 \leqq z \leqq z_2$ の領域を占め，上下端が単位面積当り q の大きさの力で圧縮されている[†1]．ここでは圧縮を正として，g は重力加速度，地盤の密度 ρ は z によらず一定であると仮定する．

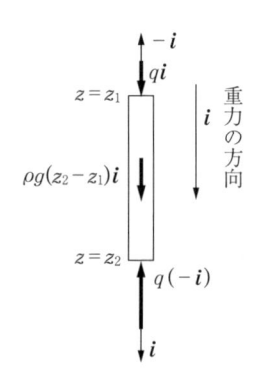

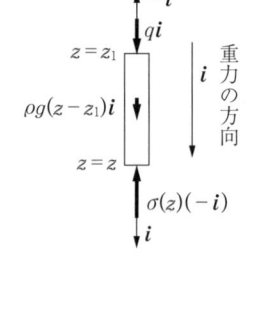

図4.1 自重を考慮した1次元地盤の圧縮

図4.2 $z=z$ の断面に作用する圧縮力

3章と同様，**図4.2**のように $z=z$（$z_1 \leqq z \leqq z_2$）で断面の応力 $\sigma(z)$ を定義する．式 (3.9) より，$\sigma(z)$ は圧縮を正にとったときの圧縮応力を表す[†2]．$\boldsymbol{i}$ 方向に自重が作用していることも考慮して，力のつり合いを考えると

$$q\boldsymbol{i} + \rho g(z-z_1)\boldsymbol{i} + \sigma(z)(-\boldsymbol{i}) = 0 \tag{4.1}$$

となる．したがって

$$\sigma(z) = q + \rho g(z-z_1) \tag{4.2}$$

[†1] 1次元条件であるため水平方向に力は作用しない．断面は3章と同様に単位面積としているため，「棒状の地盤」を扱う．

[†2] 断面の外向き法線と逆向きに働く単位面積当りの断面力は圧縮応力と定義される．式 (3.9) は引張りを正にしたときの圧縮応力を表している．

であり，3.1節と同様にzで微分すると

$$\frac{d\sigma(z)}{dz} = \rho g \tag{4.3}$$

となる。式 (4.3) は自重を考慮した応力で表された1次元の力のつり合い式である。なお，式 (4.2) をzで微分して式 (4.3) が導かれるが，この導き方は「便法」であり，本来の導き方は以下のとおりである。図4.1について力のつり合い式を立てると

$$\sigma(z_1)\boldsymbol{i} + \rho g(z_2 - z_1)\boldsymbol{i} + \sigma(z_2)(-\boldsymbol{i}) = 0 \tag{4.4}$$

であり，積分形に直して$\boldsymbol{i}$を省略すると

$$\int_{z_1}^{z_2} \left(-\frac{d\sigma(z)}{dz} + \rho g\right) dz = 0 \tag{4.5}$$

となり，式 (4.5) が任意のzで成り立つことから式 (4.3) が得られる。

4.2 有効応力と地盤内鉛直有効応力分布

2章で示したように土は，土粒子（固相），水（液相），空気（気相）の三相で構成される。本章以降，11章を除いて飽和土を扱う。飽和土の場合，図2.1の示相モデルは**図4.3**のように書き換えられる。

4.1節で示した圧縮応力σは，地盤力学では**有効応力**（effective stress）σ'と**間隙水圧**（pore water pressure）uに分けられ

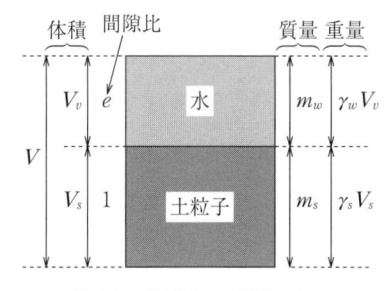

図4.3 飽和土の示相モデル

$$\sigma = \sigma' + u \tag{4.6}$$

となる†。ここで，応力，水圧ともに圧縮を正としている。σは外力とつり合

---

† これは1次元下での有効応力の原理である。4.1節ではZの関数としていたが，ここでは省略している。応力は座標を決めると，3次元では行列で表される。7章で詳述するが，有効応力の原理は，一般表示では$\boldsymbol{\sigma} = \boldsymbol{\sigma}' + u\boldsymbol{I}$（$\boldsymbol{I}$は3行3列の単位行列）となる。

う。σ は式 (4.3) の力のつり合い式を満たす応力のことであるが，地盤力学では**全応力** (total stress) と呼ばれる。本章では土中の水がほとんど静止した飽和土を考察する。有効応力の理解は，このような飽和土の**水中単位体積重量** (submerged unit weight，式 (2.12) 参照) を理解することにほぼ等しい。式 (4.6) で有効応力を定義したのはテルツァーギというオーストリア人であり，土質力学の父と呼ばれている[1]。

単位体積重量 (unit weight) は，密度 ρ に重力加速度 g をかけた ρg のことである。本節ではこの単位体積重量を用いて説明する。ちなみに，水の単位体積重量 γ_w は $\rho_w g$，土粒子の単位体積重量 γ_s は $\rho_s g$ である。図 4.3 から飽和土の単位体積重量 γ_{sat} は

$$\gamma_{sat} = \frac{\gamma_s V_s + \gamma_w V_v}{V_s + V_v} = \frac{\gamma_s + e\gamma_w}{1+e} = \gamma_s \left(\frac{1}{1+e}\right) + \gamma_w \left(\frac{e}{1+e}\right)$$

$$= \rho_s \left(\frac{1}{1+e}\right) g + \rho_w \left(\frac{e}{1+e}\right) g \tag{4.7}$$

となる。間隙比 e の代わりに間隙率 n，すなわち

$$n = \frac{e}{1+e} \times 100 \tag{4.8}$$

を用いると，式 (4.7) は

$$\gamma_t = \gamma_s \left(1 - \frac{n}{100}\right) + \gamma_w \frac{n}{100} \tag{4.9}$$

となる。しかし，式 (4.7) でも式 (4.9) でも γ_s と γ_w とに別々の係数が付く。すなわち，単位体積重量を土粒子部分と水の部分に分けているところが地盤力学になじまない。核心は

$$\gamma_{sat} = \gamma' + \gamma_w \tag{4.10}$$

と書いたときの γ' の考察にあり，この γ' こそが飽和土の水中単位体積重量のことである。なお，式 (4.10) はもちろん，式 (2.12) の水中密度に重力加速度をかけて単位体積重量に書き直したものに等しい。示相モデルを水中に沈めたとき，その重量 W' はアルキメデスの原理から

$$W' = \gamma_s V_s + \gamma_w V_v - \gamma_w (V_s + V_v) = (\gamma_s - \gamma_w) V_s \tag{4.11}$$

4.2 有効応力と地盤内鉛直有効応力分布

であり，飽和土の体積は V で，土粒子は飽和土全体に均質に分布しているので

$$\frac{W'}{V} = (\gamma_s - \gamma_w)\frac{V_s}{V} = \frac{\gamma_s}{1+e} - \frac{\gamma_w}{1+e} = \frac{\gamma_s}{1+e} + \frac{e\gamma_w}{1+e} - \frac{e\gamma_w}{1+e} - \frac{\gamma_w}{1+e}$$

$$= \gamma_{sat} - \gamma_w = \gamma' \tag{4.12}$$

となる（2.1.3項参照）。ここでは示相モデルを水中に沈めた場合を扱ったが，図 4.4 のように土が容器に水平に詰められ，地表面に水位がある場合，式 (4.10) あるいは式 (4.12) から，容器内の土の重さ W は

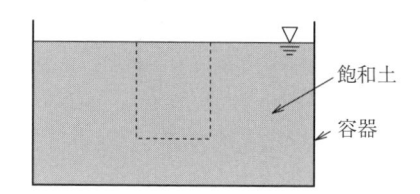

図 4.4 容器内の土

$$W = \gamma_{sat}V = \gamma'V + \gamma_w V \tag{4.13}$$

となる。式 (4.13) の最右辺が大事で，飽和土の重さ W は，V が全部水であるとしたときの水の重さ $\gamma_w V$ と，V が全部土であるとしたときの土の重さ $\gamma'V$ の和である[†]。この $\gamma'V$ は飽和土の有効重量，γ' は飽和土の有効単位体積重量と呼ばれる。

なぜ γ' が飽和土の有効単位体積重量と呼ばれるのかを調べるため，側面に摩擦のないシリンダーに入っている土の挙動の思考実験を以下に示す。

〔1〕**思考実験その1**　図 4.5（a）に示すように，シリンダーに飽和した砂が入っており，水位は砂表面である。1次元深さ z の軸は重力加速度と同方

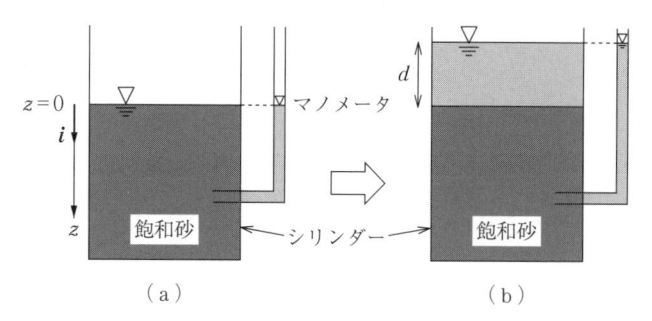

図 4.5　思考実験その1（水位を上げたとき）

---

†　このようなモデル化は，混合体理論に基づく考え方である。

向の鉛直下向きを正とする。飽和砂の密度 ρ_{sat} は均質として，力のつり合い式 (4.3) を再掲する。

$$\frac{d\sigma(z)}{dz} = \rho_{sat}\, g = \gamma_{sat} \qquad (z \geq 0) \tag{4.14}$$

$z=0$ において $\sigma(0)=0$ のもとで積分できて

$$\sigma(z) = \gamma_{sat} z \tag{4.15}$$

となり，式 (4.10) より

$$\sigma(z) = \gamma' z + \gamma_w z \tag{4.16}$$

である。ところが右辺第2項の，深さ z でマノメータを挿入したときに測定される水圧は静水圧 $u_w(z)$ に等しい。したがって，式 (4.16) を次式のように書き換える。

$$\sigma(z) = \sigma'(z) + u_w(z) \tag{4.17}$$

ここに

$$\sigma'(z) = \gamma' z, \qquad u_w(z) = \gamma_w z \tag{4.18}$$

である。

つぎに図 4.5（b）に示すように，ゆっくりと水を注入し，水位のみ d だけ上げる実験を行う。この過程で砂には圧縮が起こらず，砂表面の位置 $z=0$ に変化がないことが観測される。$z=0$ において $\sigma(0) = \gamma_w d$ を用いて，力のつり合い式を解くと

$$\sigma(z) = \gamma_{sat} z + \gamma_w d = \gamma' z + \gamma_w (z+d) \tag{4.19}$$

となり，右辺第2項はマノメータの示す静水圧 $u_w(z)$ に等しいから

$$\sigma(z) = \sigma'(z) + u_w(z) \tag{4.20}$$

と書ける。ここに

$$\sigma'(z) = \gamma' z, \qquad u_w(z) = \gamma_w (z+d) \tag{4.21}$$

である。式 (4.18) と式 (4.21) を比べると，水位上昇前後で，$\sigma'(z)$ に変化がないことがわかる。つまり，$\sigma'(z)$ に変化がなかったため，砂表面にはなんの変形も起こらなかったと考えることができる。$u_w(z)$ の変化は砂地盤に変形を起こさない。

〔2〕 思考実験その2　図4.6に示すように，穴のあいた鉄板錘（おもり）を砂表面にゆっくりと置く実験を考える．この実験で砂地盤は沈下し，砂地盤各点は圧縮を受ける．圧縮によって単位体積重量 γ_{sat} は変化するが，ここでは簡単のため γ_{sat} は変化しない[†]とすると，思考実験その1と同様の力のつり合い式となり

$$\sigma(z) = \gamma_{sat} z + q \tag{4.22}$$

となる．q は鉄板錘の水中重量である．一方，水圧は静水圧で変化せず

$$u_w(z) = \gamma_w z \tag{4.23}$$

のままである．したがって，有効応力 $\sigma'(z)$ は

$$\sigma'(z) = \gamma_{sat} z + q - \gamma_w z = \gamma' z + q \tag{4.24}$$

となり，載荷前に比べて q だけ増加する．かくして，有効応力 $\sigma'(z)$ に変化があったから砂地盤は圧縮したことになる．地盤力学では，水中単位体積重量 γ' のことを土の「有効重量」と呼ぶことがある．

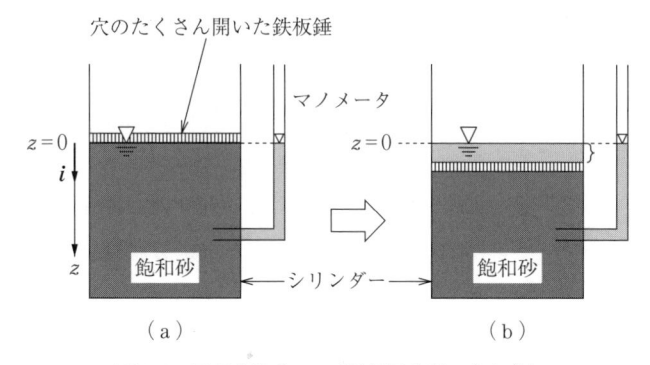

図4.6　思考実験その2（鉄板錘を置いたとき）

4.3　有効応力の原理と1次元圧縮挙動

4.2節の思考実験において，$\sigma'(z)$ に変化のあったときだけ飽和土が変形し，$\sigma(z)$ や $u_w(z)$ に変化があっても，$\sigma'(z)$ に変化がなければ飽和土の変形はない

[†] 微小変形理論のこと．

ことを確かめた。「土の変形に有効な応力変化は $\sigma'(z)$ の変化のみである」ことを，**有効応力の原理**（principle of effective stress）という。なお，間隙水圧[†1]は，土の変形には中立であることから**中立応力**（neutral stress）とも呼ばれる。

　砂と粘土の違いは，粘土の場合，圧縮すなわち間隙からの水の移動に多くの時間がかかる点にある。思考実験その2と同じ実験であるが，砂の代わりに飽和した粘土を用いると（思考実験その3），鉄板錘を載荷した直後（$t=0$）において，粘土地盤はまったく圧縮せず，時間の経過とともに圧縮していき，$t \to \infty$ でようやく停止する。すなわち，鉄板錘載荷直後において

$$\sigma'(z) = \gamma'z, \qquad u(z) = \gamma_w z + q \tag{4.25}$$

であり，沈下の途中（$t=t$）で，間隙水圧が $\Delta u(z)$ 減少した場合

$$\sigma'(z) = \gamma'z + \Delta u(z), \qquad u(z) = \gamma_w z + q - \Delta u(z) \tag{4.26}$$

となる。鉄板錘載荷後，十分時間がたったとき（$t \to \infty$）

$$\sigma'(z) = \gamma'z + q, \qquad u(z) = \gamma_w z \tag{4.27}$$

となる。かくして，粘土地盤の場合にも，$\sigma'(z)$ に変化があったために粘土地盤は圧縮したことがわかる。鉄板錘載荷重が一定のとき，載荷後の $\sigma(z)$ に，もはや時間変化はない[†2]。しかし $\sigma'(z)$ や $u(z)$ は時間的に変化していき，鉄板錘載荷重が一定でも変形は進行する。**図4.7** に飽和した粘土の鉄板錘載荷による圧縮量の時間変化を，全応力，有効応力，間隙水圧とともに示す。

図4.7に示す圧縮量の時間変化のことを**圧密**（consolidation）といい，圧密挙動の詳細は6章に示す。一方，図

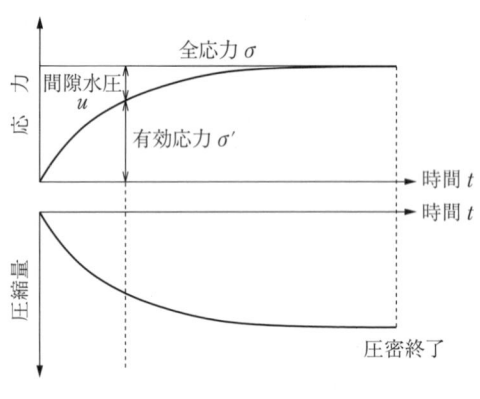

図4.7 思考実験その3（圧密挙動）

---

†1　思考実験その2では静水圧 $u_w(z)$ に対応した。一般的には式（4.6）の u のことである。
†2　1次元圧縮とともに水と土が上辺で分離するので，厳密には全応力も時間的に変化する。

4.4 標準圧密試験機による飽和粘土の1次元圧縮挙動

4.7を時刻ごとに見ると，有効応力が決まると圧縮量が決まるといえる。時間に独立した有効応力と圧縮量の関係を，圧密と区別して**圧縮**（compression）という。

4.4 標準圧密試験機による飽和粘土の1次元圧縮挙動

4.4.1 標準圧密試験機の特徴

飽和粘土の1次元圧縮・圧密特性を調べる基礎的な試験は標準圧密試験である。試験機は，圧密容器（圧密リング，ガイドリング，加圧板，底板，多孔板），水浸容器，載荷装置，変位計から構成されており，**図4.8**にその概略図を示す。

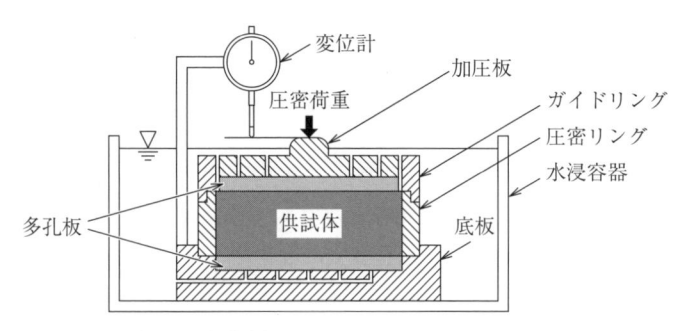

図4.8 標準圧密試験機の例
（地盤工学会編：地盤材料試験の方法と解説，p. 463（2009））

供試体寸法は直径6 cm，高さ2 cmの円柱形であり，圧密リング内にセットされる。圧密荷重を与えると，鉛直軸方向にのみ変形が許される。また供試体上下端は排水境界であり，間隙水の流れ[†]も鉛直軸方向にのみ起こる。このように変形，間隙水の流れは1次元条件を保つ。供試体断面積をAとして，圧密荷重Fを与えると，応力，ひずみ，間隙水の流れに関する境界条件（boundary condition）は**図4.9**のようになる。図（a）の応力について，圧密圧力は圧密荷重Fを供試体断面積Aで除することにより得られ，σ_v（添え字

[†] 透水と呼ばれ，5.2節で詳しく述べる。

(a) 応力

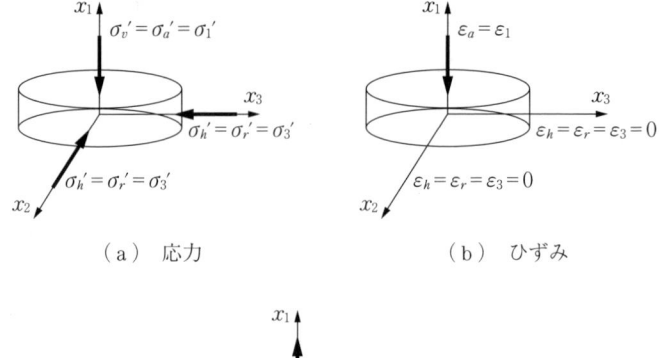

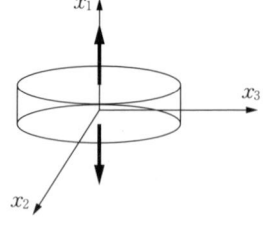

(b) ひずみ

(c) 間隙水の流れ

図 4.9 標準圧密試験での境界条件

v は vertical を表す）あるいは σ_a（添え字 a は axial を表す）と書かれ，載荷過程では最大主応力 σ_1 となる．側方応力は σ_h（添え字 h は horizontal を表す）あるいは σ_r（添え字 r は radial を表す）と書かれ，載荷過程では最小主応力 σ_3 となる．図（b）のひずみについて，添え字は応力と同様である．また，変形は 1 次元条件を保つことから $\varepsilon_h = \varepsilon_r = \varepsilon_3 = 0$ となる．図（c）の間隙水の流れについては，供試体の上下面のみを排水条件としている．

試験方法は，荷重を初期荷重から 2 倍ずつ，（荷重増分比を一定に保ちながら）段階的に載荷し，荷重ごとに 24 時間放置し，その間の時間と圧縮量を測定するというものである．各圧密段階で 24 時間が経過したら圧密終了とみなしている（図 4.7 参照）．σ'_v と σ'_h の関係は

$$\sigma'_h = K_0 \sigma'_v \tag{4.28}$$

となる．ここで，K_0 は**静止土圧係数**（coefficient of earth pressure at rest）と呼ばれ，通常の粘土の場合 0.5 〜 0.7 の値をとる[†1]．

4.4 標準圧密試験機による飽和粘土の1次元圧縮挙動

各圧密段階において，24時間載荷の間の圧縮量を計測する．圧密終了時の圧縮量を d_f，供試体初期高さを H_0 とすると，軸ひずみ ε_a，すなわち最大主ひずみ ε_1 は

$$\varepsilon_1 = \frac{d_f}{H_0} \tag{4.29}$$

で定義される．また，体積圧縮ひずみ[†2] ε_v は，断面積を A とすると，$\varepsilon_h = \varepsilon_r = \varepsilon_3 = 0$ に注意して

$$\varepsilon_v = \frac{A d_f}{A H_0} = \frac{d_f}{H_0} = \varepsilon_1 \tag{4.30}$$

で定義される．さらに，圧密終了時の間隙比 e は，初期間隙比を e_0 とすると

$$e = e_0 - (1 + e_0)\varepsilon_v \tag{4.31}$$

で算出できる．土の1次元圧縮特性は，e-σ'_v（または，e の代わりに比体積 v）関係で整理される．

4.4.2 典型的な試験結果とその整理法

図4.10は，**練返し粘土**（remolded clay）の標準圧密試験結果である[2]．なお載荷過程としては，初期状態AからBまでは**載荷**(loading)，BからDまでは**除荷**(unloading)，DからB′までは**再載荷**(reloading)，B′からCまでは載荷となっている．また，プロットされている点は通常24時間後の圧密終了時の状態である．4.2節の思考実験その3で示し

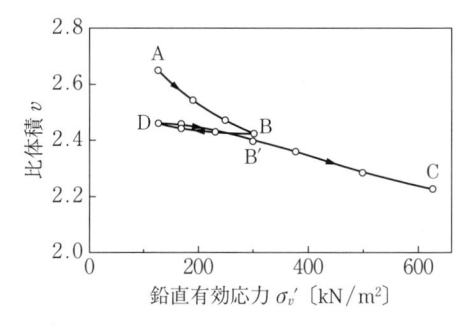

図4.10 練返し粘土の1次元圧縮曲線
(Nadarajah (1973)[2] を参考に作図)

---

†1 （前ページの脚注）σ'_h/σ'_a は載荷により正規圧密状態（4.4.3項参照）になると一定値を示し，その値が K_0 値である．1次元除荷すると，σ'_h が σ'_a に比べて減少の程度が小さく，除荷量によっては σ'_h/σ'_a の値が1を超えることもある．その場合，$\sigma'_v = \sigma'_3$，$\sigma'_h = \sigma'_1$ となる．
†2 体積ひずみについては，7.2.1項で改めて示す．

たように載荷直後，透水係数の低い粘性土に対しては間隙水圧が発生し，24時間で消散するとしている。ここでは圧縮量として，通常の間隙比 e の代わりに比体積 v を用いている。

通常の材料での応力-ひずみ関係（あるいは力-変位関係）は，縦軸に応力（や力）を，横軸にひずみ（や変位）をとるのに対し，土質力学において圧縮曲線は，伝統的に縦軸と横軸を逆にする。そして，その関係は下に凸の関係となる。すなわち図 4.11 に示すように標準圧密試験の場合は，通常の応力-ひずみ関係に直すと，ひずみに対して勾配が大きくなることを意味し，土供試体はひずみとともに硬くなっていき，壊れない。

また，材料の初期状態として無負荷状態を採用するのではない。鉛直有効応力 $\sigma'_v = 0$ でのひずみ（比体積）はプロットされないことも，通常の材料とは大きく異なる点である[†]。

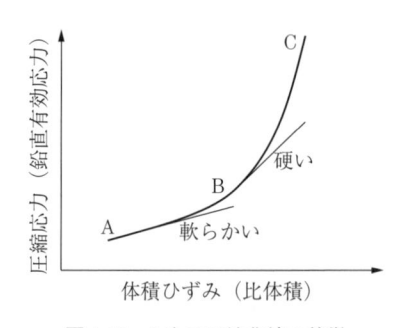

図 4.11 1 次元圧縮曲線の特徴

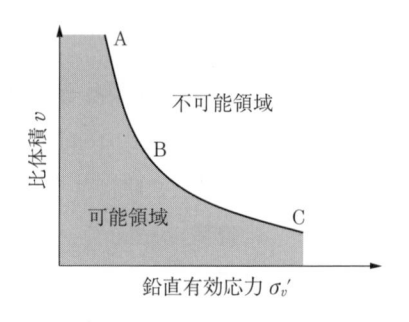

図 4.12 可能領域と不可能領域

さらに図 4.12 に示すように，負荷状態を表す曲線 ABC に対し，十分に練り返した土では，その線の上側の状態に到達できない。線の下側には除荷，再載荷によって到達することができる。したがって曲線 ABC を基準に，状態が到達できる下側の領域を**可能領域**（possible state），到達できない領域を**不可能領域**（impossible state）という[2]。このような領域の存在は，土の状態に対してなんらかの制限があることを示しており，土の力学挙動を記述する上で重要な特徴で

[†] 1.2 節の地盤材料の特徴でも述べている。

ある。なお，曲線 ABC 上に状態をおく土を**正規圧密土**（normally consolidated soil），曲線 ABC の下側に状態をおく土を**過圧密土**（overconsolidated soil）と呼ぶ。

また図 4.10 では，除荷時の応力経路（B → D）は載荷時（A → B）とは別の経路，すなわち非可逆的な応力経路をたどる。一方，再載荷時の応力経路（D → B′）は除荷時とほぼ同じ経路，すなわち可逆的な応力経路をたどる。土は**弾塑性体**（elasto-plastic material）としてモデル化されるが，過圧密土は可逆的な応力経路を示すことから**弾性体**（elastic material）としてモデル化される（8 章で詳述）。

図 4.10 について，鉛直有効応力 σ'_v を自然対数軸にして整理し直すと，**図 4.13** が得られる。鉛直有効応力 σ'_v が普通目盛であった場合には下に凸の線であったが，対数目盛にすると直線で近似できる。直線 ABC は次式で示される。

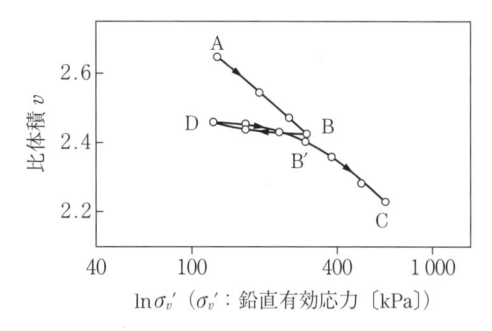

図 4.13 1 次元圧縮線 v-$\ln \sigma'_v$ （Atkinson and Bransby (1978)[3] を参考に作図）

$$v = v_\lambda - \lambda \ln \sigma'_v \tag{4.32}$$

また，横軸が常用対数軸の場合は

$$v = v_{\lambda 0} - C_c \log \sigma'_v \tag{4.33}$$

となり，λ や C_c は**圧縮指数**（compression index）と呼ばれ，λ と C_c の関係は

$$\lambda = \frac{C_c}{\log_{10} e} \fallingdotseq \frac{C_c}{0.434} \tag{4.34}$$

となる。またここでは，$\sigma'_v = 1$ kPa での比体積を，それぞれ v_λ，$v_{\lambda 0}$ としている。縦軸の比体積 v を間隙比 e で整理したときの直線 ABC は，特に e-$\log \sigma'_v$ 関係，あるいは e-$\log p$ 関係と呼ばれる。ここでの p は鉛直有効応力であることに注意が必要である。

4.4.3　1次元圧密線の実用目的でのモデル化

軟弱な沖積粘土層上に空港のような海上人工埋立地などを建設する場合は，粘土地盤の変形が1次元圧縮で近似されることがある。このときの圧密終了時の最終沈下量の計算などでは，e-σ'_v 関係を図 4.14 のように単純化することが多い。

直線 AC は

$$e = e_0 - C_c \log \frac{\sigma'_v}{\sigma'_{v0}} \quad (4.35)$$

で表される。ここで，$\sigma'_v = \sigma'_{v0}$ のときの間隙比を e_0 としている。直線 BD は

$$e = e_s - C_s \log \frac{\sigma'_v}{\sigma'_{v0}} \quad (4.36)$$

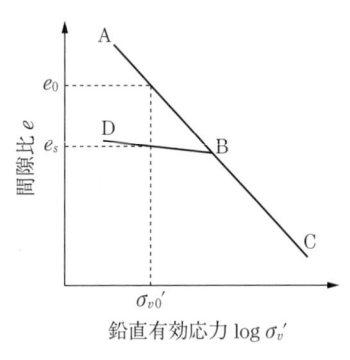

図 4.14　1次元圧縮のモデル化

で表される。ここで，$\sigma'_v = \sigma'_{v0}$ のときの間隙比を e_s としている。また，C_s は**膨潤指数**（swelling index）と呼ばれる。

式 (4.35) に基づき，正規圧密状態での地盤の（1次元）最終沈下量 ρ_f の求め方を説明する[†]。大事なのは標準圧密試験などで計測した供試体レベルでの軸ひずみ $\varepsilon_a = \varepsilon_1$ と地盤全体の圧密沈下量 ρ_f との関係である。微小高さ dz に軸ひずみ ε_a を掛けたものが，微小高さ当りの圧縮量（微小沈下量）となる。したがって，地盤全体の沈下量はその微小沈下量を層厚分だけ足し合わせる（積分する）ことになる。地盤層厚を H，鉛直下向きの深さを z とすれば，それらの関係は

$$\rho_f = \int_0^H \varepsilon_a \, dz \quad (4.37)$$

である。

いま，式 (4.35) に合わせて，地盤の鉛直有効応力が載荷により σ'_{v0} から σ'_v になったとする。地盤の圧密最終沈下量の求め方は二つあって，一つは σ'_{v0} と σ'_v の間隙比がそれぞれ e_0，e とわかった場合，もう一つは圧縮指数 C_c がわ

[†]　「地盤は深さ方向に均質である」という仮定のもとでの計算となる。

かった場合である。いずれの場合も重要なことは軸ひずみをどう表現するかであり，前者は

$$\rho_f = \int_0^H \varepsilon_a dz = \int_0^H \frac{e_0 - e}{1 + e_0} dz = \frac{e_0 - e}{1 + e_0} H \tag{4.38}$$

となり，後者は

$$\rho_f = \int_0^H \varepsilon_a dz = \int_0^H \frac{e_0 - e}{1 + e_0} dz = \int_0^H \frac{C_c}{1 + e_0} \log \frac{\sigma_v'}{\sigma_{v0}'} dz$$

$$= \frac{C_c}{1 + e_0} \log \frac{\sigma_v'}{\sigma_{v0}'} H \tag{4.39}$$

となる。なお，ここでは地盤の間隙比およびひずみが深さによらず一定である場合を表している。

演 習 問 題

〔4.1〕 思考実験その4として，砂地盤に穴の開いていない鉄板錘を載荷したときの砂地盤の各応力分布を示せ。

〔4.2〕 図4.15に示すような水平に堆積した粘土地盤がある。以下の問に答えよ。ただし，地盤の土粒子密度と間隙比は深さ方向によらず一定で，それぞれ$2.64\,\mathrm{t/m^3}$，0.65，水の密度は$1.00\,\mathrm{t/m^3}$である。なお，重力加速度は$9.81\,\mathrm{m/s^2}$とする。

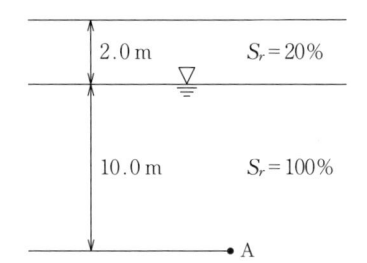

図4.15 水平堆積地盤

（1） 地下水位より上にある層の湿潤密度を求めよ。
（2） 地下水位より下にある層の飽和密度を求めよ。
（3） (1)，(2)より深さに対する鉛直土被り圧（鉛直全応力）および鉛直有効土被り圧（鉛直有効応力）を描き，深さ$12.0\,\mathrm{m}$（点A）での有効土被り圧を求めよ。
（4） 工事によって地下水位を$2.0\,\mathrm{m}$下げた。地下水位よりも上の層の飽和度S_r

が20％になったとして，点Aでの鉛直有効土被り圧を求めよ。
（5）この工事によって地盤は沈下するか，隆起するか。理由とともに答えよ。

〔4.3〕 厚さが1.0mの飽和粘土層がある。この粘土層は上下が砂層に挟まれている。現在の間隙比は2.1であるが，載荷重によって圧密され，間隙比が1.7になると推定される。この粘土層の沈下量を求めよ。

〔4.4〕 厚さ5.0mの礫質土の下に，厚さ2.0mの正規圧密粘土層が水平に堆積している。地表より1.0m下にあった地下水位は，工事により地下水位を低下させ，地表から3.0m下になった。地下水位低下による粘土層の圧密沈下量を求めよ。ただし，粘性土の$C_c=0.40$，工事前の間隙比は$e_0=1.8$，単位体積重量は礫質土について$\gamma_t=17.6\,\mathrm{kN/m^3}$，$\gamma_{sat}=19.6\,\mathrm{kN/m^3}$，粘性土について$\gamma_{sat}=15.7\,\mathrm{kN/m^3}$，水の単位体積重量は$\gamma_w=9.8\,\mathrm{kN/m^3}$とする。

5章 地盤中の水の流れ ― 透水

◆ **本章のテーマ**

　透水とは，地盤中の水の流れのことであり，浸透とも呼ばれる。透水は，地盤の土骨格の変形には寄与しないと仮定される。水の出入りによって土骨格が圧縮・膨張する圧密とは大きく異なるのである。本章では，地盤中の水の流れに関する基礎式，すなわちダルシー則，連続式，および派生する特性を説明する。つぎに，2次元定常浸透の流線網による図式解法を説明する。そして地盤に働く物体力としての浸透力の定義を示し，限界動水勾配でのボイリング現象のメカニズムを説明する。

◆ **本章の構成（キーワード）**

5.1　地盤の中をなぜ水は流れるのか
　　　― その1
　　　　全水頭，圧力水頭，位置水頭
5.2　ダルシー則
　　　　動水勾配の定義，透水係数，ポテンシャル流れ
5.3　透水係数と室内試験法
　　　　定水位透水試験，変水位透水試験
5.4　地盤の中をなぜ水は流れるのか
　　　― その2
5.5　ダルシー則における流速
5.6　等ヘッド面と流線
5.7　連続式
　　　　1次元の連続式，多次元連続式，ラプラスの式
5.8　2次元定常浸透問題の流線網による図式解法
　　　　流線網の特徴，流線網の描き方
5.9　浸透力と限界動水勾配

◆ **本章を学ぶと以下の内容をマスターできます**

☞　地盤中を水が流れるメカニズム
☞　連続式の本質
☞　1次元浸透における全水頭・位置水頭・圧力水頭の作図
☞　1次元浸透における全応力・有効応力分布の作図
☞　室内透水試験での透水係数の算出
☞　2次元定常浸透のフローネットの作図と流量計算
☞　限界動水勾配の算出とボイリングのメカニズム

5.1 地盤の中をなぜ水は流れるのか —— その1

透水(seepage)とは,地盤中の水の流れのことであり,**浸透**とも呼ばれる。対象とする地盤はやはり飽和土が中心となる。地盤中の水の流れを考えるために,図5.1のように土粒子のない水のみの入った水槽の点Aと点Bに注目する。

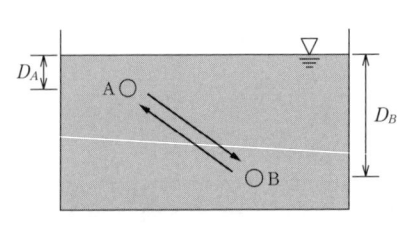

図5.1 水槽の水

〔1〕**圧　力**　水面から点Aと点Bまでの深さをそれぞれ,D_A, D_B ($D_A<D_B$)とする。このとき,点Aと点Bの**静水圧**(hydrostatic pressure)は,それぞれ$\gamma_w D_A$, $\gamma_w D_B$と表される。ここに,γ_wは水の単位体積重量である。このとき$\gamma_w D_A<\gamma_w D_B$であるが,点Bから点Aに向かって水は流れていない。水は圧力差があるから流れるのではない。

〔2〕**基準面からの高さ**　図5.2のように,ある基準面(重力方向に直交する面)から点Aと点Bまでの高さをそれぞれz_A, z_Bとする。今度は$z_A>z_B$となっている。つまり,水は基準面からの高さの違いがあるから流れるのでもない。

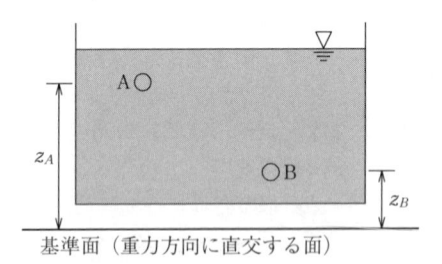

図5.2 基準面からの高さ

〔3〕**水　頭**　全水頭(**水頭**:ヘッド,head)hを以下に定義する。hは,水圧をpとすると

$$h = \frac{p}{\gamma_w} + z \tag{5.1}$$

で表される[†]。p/γ_wは**圧力水頭**(pressure head)と呼ばれ,圧力(水圧)を静水圧分の高さに換算している。zは**位置水頭**(potential head)と呼ばれ,

---

† ポテンシャルとも呼ばれる。

「基準面からの高さ」を意味する。

点Aと点Bの全水頭をそれぞれ h_A, h_B とすると

$$\left.\begin{array}{l} h_A = \dfrac{\gamma_w D_A}{\gamma_w} + z_A = D_A + z_A \\[6pt] h_B = \dfrac{\gamma_w D_B}{\gamma_w} + z_B = D_B + z_B \end{array}\right\} \tag{5.2}$$

であるから $h_A = h_B$ となり，そのため点Bから点A（または，点Aから点B）に水は流れていないと考えるのである（**ベルヌーイ**（Bernouilli）の定理）。

水が流れているときは，圧力水頭，位置水頭以外に**速度水頭**（velocity head, または運動エネルギー項）を考えるが，地盤中の水の流れは速度が無視できる程度に小さいと仮定され，たとえ流れていても，速度水頭は考えない。

以上より，全水頭に（位置的な）差があるから水が流れていると考える。このとき，位置的な差のことを「勾配」（または「空間勾配」，あるいは1次元の場合，単に「傾き」）という。このことを，次節で確かめる。

5.2 ダルシー則

図5.3に透水試験機を示す。水槽Aと水槽Bを断面積が A で一定のパイプでつなぎ，パイプの中には飽和した土を詰め込んでいる。水槽Aと水槽Bの水頭差はつねに Δh とし，水は水槽Aから水槽Bに流れている。水はきわめ

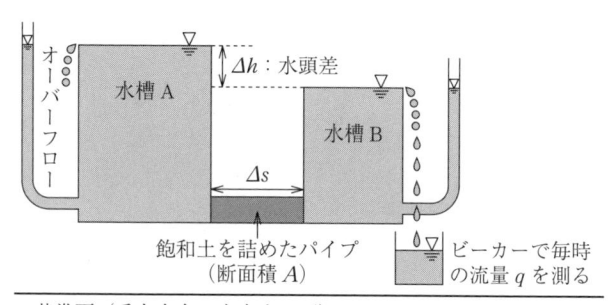

図5.3 透水試験機

てゆっくり流れているが，逆説的ないい方をすると，水をきわめてゆっくり流すためにわざわざ土を入れている．この実験を行うと，土が入っているパイプを流れる水について，ビーカーで測る毎時の水量（流量）q，水頭差（ヘッド差）Δh およびパイプの長さ Δs の間に

$$\frac{q}{A} \propto \frac{\Delta h}{\Delta s} \tag{5.3}$$

なる比例関係が得られる．パイプを流れる単位断面積当りの流量 q/A が「平均的な」水の速度[†1]（流速）の大きさ v を表すこと，さらに，水は h の大きいところから小さいところに流れることから

$$v = -k\frac{\Delta h}{\Delta s} = ki \quad (k>0) \tag{5.4}$$

と書く[†2]．これはフランス人のダルシーによって発見され，**ダルシー則**（Darcy's law）と呼ばれる．ここに，k は定数で**透水係数**（coefficient of soil permeability）といい，地盤中の水の流れやすさを表す．また，Δs は v と同じ方向（透水方向）の土試料の長さ，Δh はこの方向での水頭差を表す．$-\Delta h/\Delta s$ を**動水勾配**（hydraulic gradient）と呼び，記号としては i が用いられる．

一般的に3次元では，位置ベクトル $\boldsymbol{x}$ における全水頭を $h(\boldsymbol{x})$，流速ベクトルを $\boldsymbol{v}(\boldsymbol{x})$ とすると，ダルシー則は

$$\boldsymbol{v}(\boldsymbol{x}) = -k\nabla h(\boldsymbol{x}) = -k\frac{\partial h(\boldsymbol{x})}{\partial \boldsymbol{x}} \tag{5.5}$$

となる．ここに k（>0）は透水係数で，正規直交座標系における x, y, z 方向の基底ベクトルをそれぞれ $\boldsymbol{i}, \boldsymbol{j}, \boldsymbol{k}$ とすると，ベクトル $\boldsymbol{v}(\boldsymbol{x})$ と ∇（ナブラ）はつぎのようになる[†3]．

[†1] 「平均的な」水の速度の意味は5.5節で説明する．
[†2] 6章の圧密では，v は v_w と書かれる．$y=f(x)$ の勾配（傾き）は，y の増加量／x の増加量＝$\{y(後)-y(前)\}/\{x(後)-x(前)\}$ で定義される．したがって，Δs の正の方向に Δh が正のとき（すなわち h が増加する方向のとき），v は負になる，すなわち，水は h が大きいところから小さいところに流れることが理解できる．v は方向も表すことからベクトルであることがわかる．なお，図5.3の Δh の値は負であるので注意が必要である．

$$\left.\begin{aligned}\boldsymbol{v}(\boldsymbol{x}) &= v_x\boldsymbol{i}+v_y\boldsymbol{j}+v_z\boldsymbol{k}=(\boldsymbol{i}\quad \boldsymbol{j}\quad \boldsymbol{k})\begin{pmatrix}v_x\\v_y\\v_z\end{pmatrix}\\[2mm]\nabla &= \frac{\partial}{\partial x}\boldsymbol{i}+\frac{\partial}{\partial y}\boldsymbol{j}+\frac{\partial}{\partial z}\boldsymbol{k}=(\boldsymbol{i}\quad \boldsymbol{j}\quad \boldsymbol{k})\begin{pmatrix}\dfrac{\partial}{\partial x}\\[1mm]\dfrac{\partial}{\partial y}\\[1mm]\dfrac{\partial}{\partial z}\end{pmatrix}\end{aligned}\right\} \quad (5.6)$$

$$\left.\begin{aligned}v_x\boldsymbol{i} &= -k\frac{\partial h}{\partial x}\boldsymbol{i} \quad (v_x \text{は}\boldsymbol{v}\text{の}\boldsymbol{i}\text{成分})\\[1mm]v_y\boldsymbol{j} &= -k\frac{\partial h}{\partial y}\boldsymbol{j} \quad (v_y \text{は}\boldsymbol{v}\text{の}\boldsymbol{j}\text{成分})\\[1mm]v_z\boldsymbol{k} &= -k\frac{\partial h}{\partial z}\boldsymbol{k} \quad (v_z \text{は}\boldsymbol{v}\text{の}\boldsymbol{k}\text{成分})\end{aligned}\right\} \quad (5.7)$$

全水頭が「高いところから低いところに流れる[†]」ような流れは，ポテンシャル流れと呼ばれる。ダルシー則による地盤中の水の流れもポテンシャル流れで

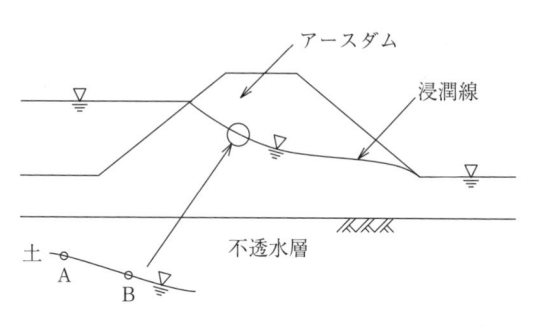

図 5.4 アースダムの浸潤線

[†3] （前ページの脚注）ベクトルの成分表記において，$(\boldsymbol{i}\quad \boldsymbol{j}\quad \boldsymbol{k})\begin{pmatrix}v_x\\v_y\\v_z\end{pmatrix}$ は，基底ベクトル $\boldsymbol{i}, \boldsymbol{j}, \boldsymbol{k}$ を暗黙の了解として書かないで，単に $\begin{pmatrix}v_x\\v_y\\v_z\end{pmatrix}$ と書くこともあるので注意する。

[†] 最急勾配の逆の方向に流れる。

ある。h はポテンシャルを表し，その勾配の逆方向に水は流れる。

図 5.4 に示すアースダムの**浸潤線**（phreatic line）は，地盤中の水の流れである。しかし，点 A も点 B も圧力は大気圧である。h_A と h_B の違いは点 A と点 B の位置の差だけであり，この場合は位置の差により水が流れる。図 5.3 での h_A と h_B の差は，（パイプ内では基準面からの高さが同じだから）圧力の差のみである。「圧力水頭＋位置水頭」の差で流れることを確かめるためには，図 5.5 に示すような実験がよい。

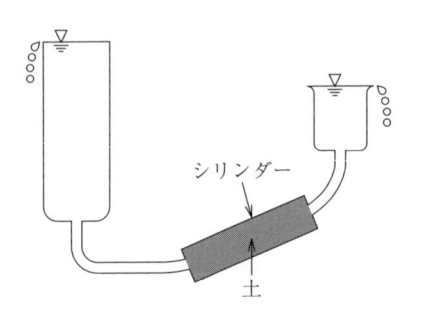

図 5.5 圧力水頭と位置水頭による水の流れ

5.3 透水係数と室内試験法

地盤の透水係数を求める室内試験法として二つの方法がある。一つは定水位透水試験であり，もう一つは変水位透水試験である。

〔1〕 **定水位透水試験**　図 5.6 に定水位透水試験機を示す。時間 t の間にメスシリンダーに溜まった水量を Q とする。断面積が A で一定のシリンダー内の土供試体中を流れる水の流速を v とすれば

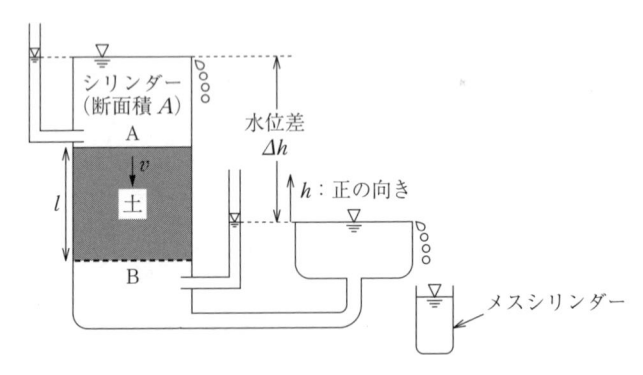

図 5.6 定水位透水試験機

$$\frac{Q}{t} = vA = k\frac{\Delta h}{l}A \tag{5.8}$$

となる。なお，最右辺への変換はダルシー則による。また，式 (5.4) の Δh は負であるが，図 5.6 に示す Δh は水位差で正としているため，式 (5.4) にあるマイナスが消えている。式 (5.8) は

$$k = \frac{Ql}{A\,\Delta h\,t} \tag{5.9}$$

となる。「定水位」とは Δh が一定の試験をいう。この透水試験は，砂，砂まじり礫など，比較的透水係数の大きな土に適する試験法である。粘土などの透水係数の小さい土では，時間を長くとってもメスシリンダーに溜まる水量が少なく，測定しにくいだけでなく誤差も含まれる可能性があるからである。また試験精度を確保するためには，対策として ① 土の飽和を完全にすること，② Δh をいろいろ変えて同じ k が出るかを確かめること（このとき土の詰まり具合を同じにする）などが挙げられる。

〔2〕 **変水位透水試験**　　細粒分まじり砂など透水係数の比較的小さい土に対しては，変水位透水試験が用いられる。**図 5.7** に変水位透水試験機を示す。断面積 A のシリンダーに土供試体がセットされ，シリンダー上部には断面積 a のシリンダー（スタンドパイプ）が設置されている。供試体中に水が流れると，スタンドパイプの水位が降下する。下流側は水位を一定に保ちながらオー

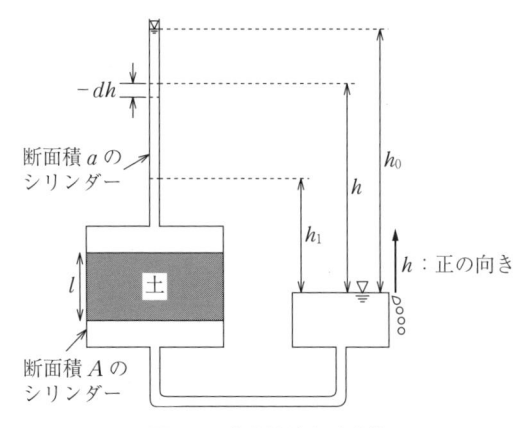

図 5.7 変水位透水試験機

バーフローさせ、時刻 t_0 と t_1 ($t_0<t_1$) でのスタンドパイプの水位 h_0, h_1 を計測する。透水係数の求め方は以下のとおりである。時刻 t（このときスタンドパイプの水位 $h(t)$）から $t+\Delta t$ までに土の中を通る水量を Q とすると、Δt を dt で置き換えて、Q の第1次近似はダルシー則から

$$Q = k\frac{h(t)}{l}A\,dt \tag{5.10}$$

となるが、図5.7から $dh<0$ であり、$Q=-a\,dh$ なので

$$-a\,dh = k\frac{h(t)}{l}A\,dt \tag{5.11}$$

となる。式 (5.11) を積分し、時刻 $t=t_0$ のとき水位 $h=h_0$, $t=t_1$ のとき $h=h_1$ であることを考慮すると

$$k = \frac{al}{A}\frac{1}{t_1-t_0}\ln\frac{h_0}{h_1} \tag{5.12}$$

となり、この式から透水係数を求めることができる[†1]。

5.4 　地盤の中をなぜ水は流れるのか ― その2

動水勾配 i ($-\Delta h/\Delta s$ あるいは $-\nabla h$) は何に起因して生じるのか。図5.3や図5.4のような地盤中の水の流れは「重力による水の流れ」と呼ばれる。一方、4章で説明した標準圧密試験機であれば、重力がなくても水は供試体中を流れる。しかしこのときは、供試体は排水によって圧縮することになる。透水ではもっぱら「重力による地盤中の水の流れ」を扱い、重力による地盤中の水の流れでは、地盤は圧縮することも膨張することもない[†2]。したがって、土は変形しない「素焼き」のようなものであることを認識することが重要である。

[†1] 細粒分を多く含む粘性土の透水係数の算出は、変水位透水試験でなく標準圧密試験から求める。

[†2] 正しくは、土が圧縮したり膨張したりして、すでに土に変化が起こらなくなって以降の水の流れを考える。

5.5 ダルシー則における流速

図5.3の実験において,式(5.4)のダルシー則を実験で確かめた。このときの流速 v は,メスシリンダーに溜まった毎時の水量をパイプの全断面積 A で割ったものである。つまり

$$v = \frac{q}{A} \tag{5.13}$$

である。ところが,図5.8(a)に示すように,土の断面は土粒子の断面積 A_s と間隙の断面積 A_v で構成される。水の流れは間隙を流れると考え,v のことを例えば $v = q/A_v$ のように理解する人が多い。

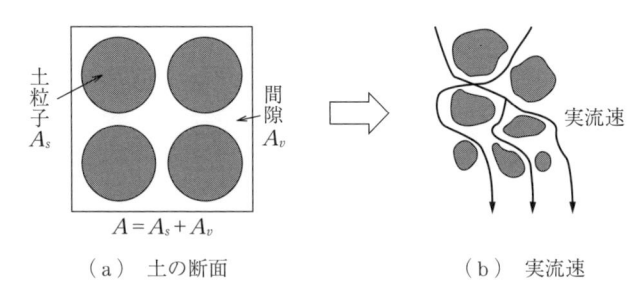

図5.8 地盤中の水の流れ

ダルシー則における流速とは,図5.8(b)のように土粒子の間をすり抜けて流れる水の実流速ではなく,流量が

$$q = Av \tag{5.14}$$

で計算できるような,マクロな「平均」流速のことである。平均とは,「全断面 A に関する」の意味である。つまり,ダルシー則で水の流れを表すときは,もはやそこに土粒子は存在せず,土骨格が占めている体積を全部水が占めてい

図5.9 2相混合体によるモデル化

ると理想化される（**図5.9**）。つまり，土の任意の位置には水もあれば土骨格もあると考える。このような考え方は，「2相（水-土系）混合体によるモデル化」と呼ばれる。

5.6 等ヘッド面と流線

全水頭 h は場所（位置）$\boldsymbol{x}$ のスカラー関数で $h(\boldsymbol{x}) = h(x,y,z)$ と書かれる[†1]。ここで，曲面 Γ 上で $h(\boldsymbol{x})$ が一定，すなわち

$$h(\boldsymbol{x}) = C \ （定数） \quad （曲面\Gamma 上） \tag{5.15}$$

のとき，この曲面 Γ を等ヘッド面という[†2]。**図5.10** に示すように，この Γ 上に $\boldsymbol{x}$, $\boldsymbol{x}+d\boldsymbol{x}$ の位置ベクトルで表される2点をとり

$$h(\boldsymbol{x}) = C \tag{5.16}$$

$$h(\boldsymbol{x}+d\boldsymbol{x}) = C \tag{5.17}$$

として，式 (5.17) を $\boldsymbol{x}$ まわりにテイラー展開して式 (5.16) を考慮すると，次式が得られる。

$$\frac{\partial h}{\partial x}dx + \frac{\partial h}{\partial y}dy + \frac{\partial h}{\partial z}dz = 0 \tag{5.18}$$

ここに，$dx\boldsymbol{i}+dy\boldsymbol{j}+dz\boldsymbol{k} = d\boldsymbol{x}$ は曲線 Γ 上の微小線素ベクトルで，ダルシー則は

$$\boldsymbol{v} = -k\frac{\partial h}{\partial \boldsymbol{x}} = -k\left(\frac{\partial h}{\partial x}\boldsymbol{i} + \frac{\partial h}{\partial y}\boldsymbol{j} + \frac{\partial h}{\partial z}\boldsymbol{k}\right) \tag{5.19}$$

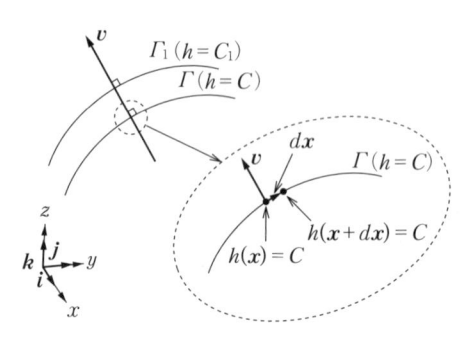

図5.10 等ヘッド面と流線の直交性

[†1] 本節では3次元空間で議論する。
[†2] 等水頭面，等ポテンシャル面とも呼ばれる。なお，5.8節での2次元浸透問題では，**等ポテンシャル線**（equipotential line）と呼ぶ。

となる.したがって,式 (5.18) は v と dx の内積が 0,すなわち

$$v \cdot dx = 0 \tag{5.20}$$

つまり

$$v \perp dx \tag{5.21}$$

を示す。dx は等ヘッド面 Γ 上にあり,ベクトル v は**流線**(stream line)上の線素であるから,「等ヘッド面と流線は直交する」ことが示された.

5.7 連 続 式

〔1〕**1次元の連続式**　まず1次元の連続式を理解するため,**図 5.11** に示す試験機により,1次元透水試験を実施する.シリンダーは断面積 A が一定であることに注意する.

位置水頭の基準面を試験機の底面にとって,コック閉のときと,コックを開にして十分時間が経過した後について,**表 5.1** の空欄を埋めることを考える.まずコック閉の場合は,土中に水は流れないので水圧は静水圧となり,全水頭は深さによらず一定となるので表

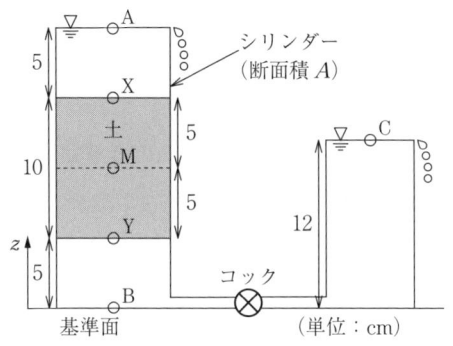

図 5.11　連続式確認のための1次元透水試験機

表 5.1　1次元透水試験の例題

水頭	コック閉			コック開		
	圧力水頭	位置水頭	全水頭	圧力水頭	位置水頭	全水頭
A						
X	5	15	20	5	15	20
M		10			10	
Y		5			5	
B						

(単位:cm)

5.1 の空欄を埋めることができる。問題はコック開の場合で，この場合には土中に水が流れる。

1次元なので全水頭 h は z だけの関数である $h=h(z)$ となる。**図5.12** に示すように境界条件を

$$h(0)=h_0, \qquad h(D)=h_1 \tag{5.22}$$

とする。ここで，$z=z$ での流速を $v(z)$ と書くと

$$v(z_1)=v(z_2)=C \text{（一定）} \qquad (0 \leq z_1, z_2 \leq D) \tag{5.23}$$

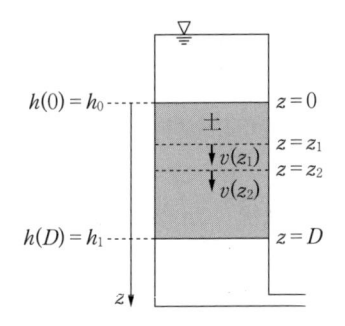

図5.12 シリンダー内の水の流れ

でなければならない。なぜなら，① 水が流れても土は変形しないから，② 水は非圧縮であるから，③ 断面積 A は $z=z_1$ でも $z=z_2$ でも同じだからである。つまり，入ってくる毎時の水量と出ていく毎時の水量が等しい。

$$Av(z_1)=Av(z_2)=q \tag{5.24}$$

式 (5.23)，(5.24) は1次元の**連続式**（equation of continuity）の本質である。つまり

$$v(z)=C \tag{5.25}$$

が1次元の連続式である。ここでは式 (5.25) を z で微分して

$$\frac{dv(z)}{dz}=0 \tag{5.26}$$

と書く。式 (5.26) も1次元の連続式と呼ばれる。

式 (5.26) にダルシー則を適用すると，透水係数 k は定数であることから

$$\frac{dv(z)}{dz}=\frac{d}{dz}\left(-k\frac{dh(z)}{dz}\right)=-k\frac{d^2h(z)}{dz^2}=0 \tag{5.27}$$

となり，さらに $k \neq 0$ であることから

$$\frac{d^2h(z)}{dz^2}=0 \tag{5.28}$$

と書くことができる。この微分方程式を解くと

$$h(z)=az+b \qquad (a, b：積分定数) \tag{5.29}$$

となる。すなわち1次元透水において，全水頭の分布は深さzに対して直線となる。二つの境界条件（式(5.22)）から，積分定数aとbが求められ

$$h(z) = \frac{h_1 - h_0}{D} z + h_0 \tag{5.30}$$

となる。「1次元の定常透水問題は解けた[†]」という。

〔2〕 **多次元の連続式（2次元）**　ここでは簡単のため，2次元の連続式の導出を示す。流速ベクトル$\boldsymbol{v}$および全水頭$h(\boldsymbol{x})$を以下に示す。

$$\boldsymbol{v} = \boldsymbol{v}(\boldsymbol{x}) = v_x \boldsymbol{i} + v_y \boldsymbol{j} = (\boldsymbol{i}\ \ \boldsymbol{j})\begin{pmatrix} v_x \\ v_y \end{pmatrix} = (\boldsymbol{i}\ \ \boldsymbol{j})\begin{pmatrix} v_x(x, y) \\ v_y(x, y) \end{pmatrix} \tag{5.31}$$

$$h = h(\boldsymbol{x}) = h(x, y) \tag{5.32}$$

2次元の透水場で**図5.13**のような矩形領域 abcd を考える。いま，水が非圧縮流体（縮まない，伸びない）とすると

(abからの流入量) + (adからの流入量)
= (cdからの流出量) + (bcからの流出量)

において，流入（出）量は水の体積を用いて計量できることになる。連続式のような幾何学的用語はこれに由来する。以上を，水の流速$\boldsymbol{v}$とその1次変化を考えて（線形近似で）記述すると

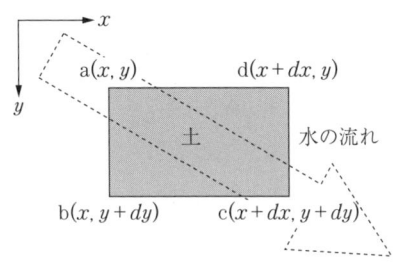

図5.13　2次元の連続式

$$v_x(x, y)dy + v_y(x, y)dx = v_x(x+dx, y)dy + v_y(x, y+dy)dx \tag{5.33}$$

となる。ここに

$$v_x(x+dx, y) = v_y(x, y) + \frac{\partial v_x(x, y)}{\partial x} dx \tag{5.34}$$

である。したがって式(5.33)を整理すると

$$\frac{\partial v_x}{\partial x} dxdy + \frac{\partial v_y}{\partial y} dxdy = 0 \tag{5.35}$$

となる。すなわち

[†] 定常とは，解（式(5.30)）が時刻tによらないこと。

$$\frac{\partial v_x}{\partial x}+\frac{\partial v_y}{\partial y}=0 \qquad (5.36)$$

$$\nabla \cdot \boldsymbol{v} = \nabla^T \boldsymbol{v} = 0 \qquad (\mathrm{div}\,\boldsymbol{v}=0) \qquad (5.37)$$

が導かれる（T は転置記号）。ここに

$$\boldsymbol{v}=v_x\boldsymbol{i}+v_y\boldsymbol{j}=(\boldsymbol{i}\quad \boldsymbol{j})\begin{pmatrix}v_x\\v_y\end{pmatrix}, \qquad \nabla=\frac{\partial}{\partial x}\boldsymbol{i}+\frac{\partial}{\partial y}\boldsymbol{j}=(\boldsymbol{i}\quad \boldsymbol{j})\begin{pmatrix}\dfrac{\partial}{\partial x}\\[4pt]\dfrac{\partial}{\partial y}\end{pmatrix}$$

である。式 (5.36)，(5.37) を 2 次元の連続式という。式 (5.36) にダルシー則

$$\boldsymbol{v}=-k\nabla h=-k\frac{\partial h}{\partial \boldsymbol{x}} \qquad \left(v_x=-k\frac{\partial h}{\partial x},\ v_y=-k\frac{\partial h}{\partial y}\right) \qquad (5.38)$$

を代入すると，定常透水の基礎式である偏微分方程式

$$\frac{\partial^2 h}{\partial x^2}+\frac{\partial^2 h}{\partial y^2}=0 \qquad (\nabla^2 h = \nabla^T \nabla h = 0) \qquad (5.39)$$

が得られる。式 (5.39) は**ラプラス**（Laplace）の式といわれ，領域 V の全周 ∂V で境界条件（h または ∇h の値）が与えられると，V の中で $h(x,y)$ が一意に確定する。式 (5.39) を満たす基本解 $h(x,y)$ は調和関数と呼ばれる。

〔3〕 1 次元と 2，3 次元の透水問題の比較

	1 次元	2，3 次元
① ポテンシャル，流速	$h(z),\ v(z)$	$h(\boldsymbol{x}),\ \boldsymbol{v}(\boldsymbol{x})$
② ダルシー則（流れ則）	$v=-k\dfrac{dh}{dz}$	$\boldsymbol{v}=-k\nabla h=-k\dfrac{\partial h}{\partial \boldsymbol{x}}$
③ 連続式	$\dfrac{dv}{dz}=0$	$\nabla^T \boldsymbol{v}=0\ (\mathrm{div}\,\boldsymbol{v}=0)$
④ ラプラスの式	$\dfrac{d^2 h}{dz^2}=0$	$\nabla^2 h=0$

$d^2 h/dz^2=0$ に比べて $\nabla^2 h=0$ を解くことは簡単ではなく，2 次元が難しいことがわかる。

5.8 2次元定常浸透問題の流線網による図式解法

5.8.1 流線網の特徴

5.6節で等ヘッド面と流線は直交することを学んだ。**図 5.14** に示すように，対象とする 2 次元浸透流を等ポテンシャル線と流線で網目状に表したものを，**流線網** (flow net)，あるいは正方形フローネットと呼ぶ。隣り合う 2 本の流線と 2 本の等ポテンシャル線で作られる網目は，できるだけ正方形に，4 辺が一つの円に外接するように描く。流線網には，つぎに示す二つの特徴があり，これによって透水解析が可能になる[†]。ダルシー則は流線網の中にすでに使われていることに注意する。

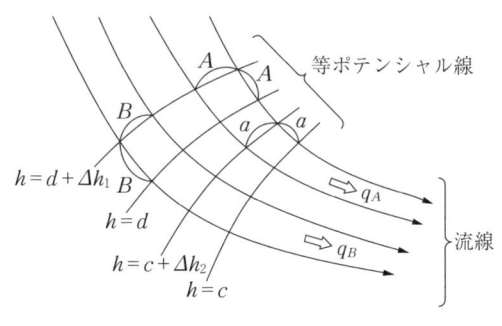

① 流線網においては，等ポテンシャル線間での全水頭の差 Δh はどこでも等しい。

$$\Delta h_1 = \Delta h_2 \quad \left(\because \quad q = -k\frac{\Delta h_1}{A}A = -k\frac{\Delta h_2}{a}a\right) \qquad (5.40)$$

② 隣り合う流線が作る管を流管という。流管はどれでも毎時の流量が等しい。

$$q_A = q_B \quad \left(\because \quad q_A = -k\frac{\Delta h}{A}A = -k\frac{\Delta h}{B}B = q_B\right) \qquad (5.41)$$

式 (5.40) は連続の式の直接的帰結であり，式 (5.41) は流線網が正方形直交網目であるために成り立つ。①により2次元浸透場の各点の全水頭，水圧が求まり，②により全流量が求まる。

[†] ダルシー則，連続式，境界条件を考慮することによって，図式とはいえ，「解析」になっている。

5.8.2 流線網の描き方

図 5.15 の浸透水槽を例に，流線網の描き方を示す．重要なことは，対象となる 2 次元浸透場の境界条件を把握して流線網を描くことである．

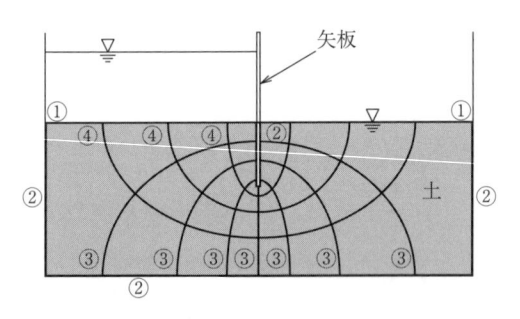

図 5.15 浸透水槽内の流線網の描き方

① 自明な等ポテンシャル線を見つける．

② 非排水境界では，境界に沿って水が流れる．すなわち，水槽周辺や矢板周辺の非排水境界は流線となる．

③ ② で描いた流線に直交するよう等ポテンシャル線を描く．

④ ①，③ で描いた等ポテンシャル線に直交する流線網になるよう流線を描く．

なお，細かく等ポテンシャル線を描くと，その分細かくポテンシャル（全水頭）がわかるが，流線もその分多く描く必要がある．

5.8.3 流線網による浸透解析の例

流線網を描くことができると，地盤内を流れる流量，またそれぞれの地点での水圧を求めることができる．すなわち，地盤の透水係数を k，上流側と下流側の全水頭差を H，等ポテンシャル線の仕切り数を n_d，流管の数を n_f とすると，単位奥行き当りの全流量 q は

$$q = kH \frac{n_f}{n_d} \tag{5.42}$$

で計算することができる．

5.9　浸透力と限界動水勾配

水が地盤の中を流れると，流れる方向に**浸透力**（seepage force）f が土に働く。これは単位体積の地盤内の土粒子に働く物体力であり，以下の式で定義される。

$$f = \gamma_w i \tag{5.43}$$

i は動水勾配で，$\gamma_w (=\rho_w g)$ は水の単位体積重量である。

さて，**図 5.16** に示す深さ l の 1 次元浸透水槽について，砂供試体表面を深さ 0 として鉛直下向きに深さ z をとり，浸透力の働く砂中の深さ方向の鉛直土被り圧分布を考察する。

水槽底部につながっているスタンドパイプの水位が砂供試体表面水位と同じとき，水は砂中を流れない。2.1.4 項で示したように，鉛直土被り圧分布 $\sigma_v(z)$ は**図 5.17**（a）のように描かれる。有効土被り圧分布 $\sigma'_v(z)$ は，鉛直土被り圧分布 $\sigma_v(z)$ から静水圧分布 $u_w(z)$ を差し引くことにより求められる（図（b））。なお有効土被り圧は，深さ方向に水中単位体積重量 γ' の傾きで増加している。

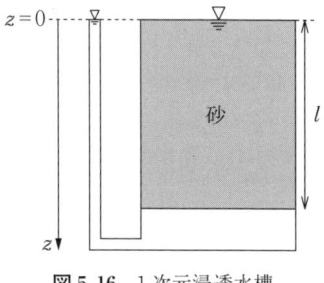

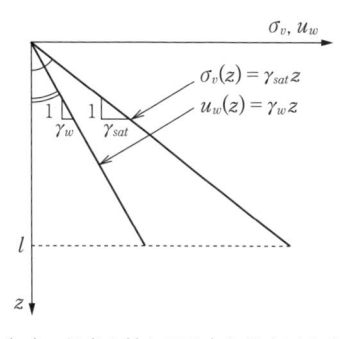

図 5.16　1 次元浸透水槽

（a）　鉛直土被り圧分布と静水圧分布　　　（b）　有効土被り圧分布

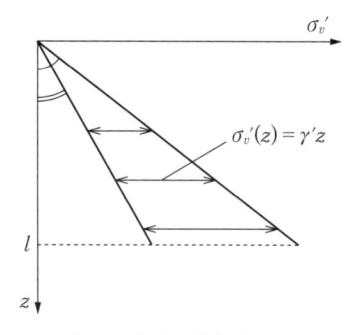

図 5.17　水が流れない状態での土被り圧分布

$\sigma_v(z) = \gamma_{sat} z$
$u_w(z) = \gamma_w z$
$\sigma'_v(z) = \gamma' z$

つぎに図5.18に示すように，スタンドパイプを上に伸ばしてhの水位差を与えると，砂供試体下部の水圧$u(l)$は

$$u(l)=\gamma_w(l+h) \quad (5.44)$$

となり，砂供試体の下部から上部へ水が流れ，砂供試体は図5.19（a）のような水圧分布$u(z)$となる。また図（b）に示すように，水圧分布$u(z)$から静水圧分布$u_w(z)$を差し引いたものを$f(z)$とおくと

$$f(z)=u(z)-u_w(z)=\frac{h}{l}\gamma_w z \quad (5.45)$$

となる。右辺の$(h/l)\gamma_w$は浸透力に対応する。すなわち，砂供試体下部から上部へ水を流せしめる動水勾配に水の単位体積重量をかけた値となっている。

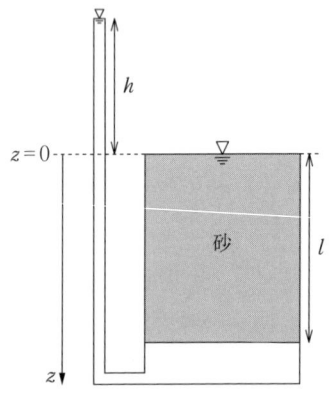

図5.18 水位差がある場合

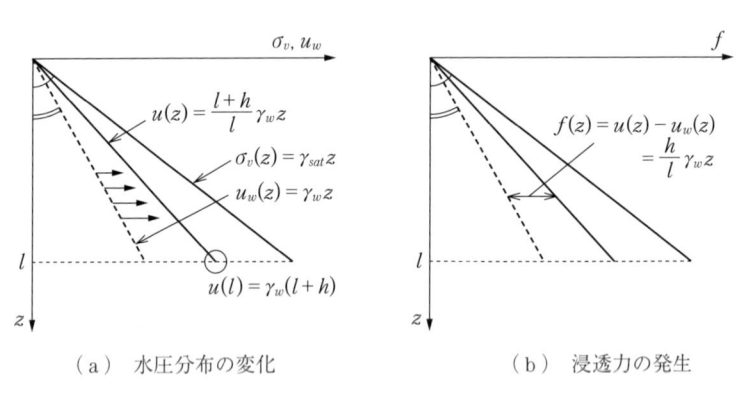

（a）水圧分布の変化　　　（b）浸透力の発生

図5.19 浸透力下での土中の深さ方向の鉛直応力分布

図5.20は図5.19に有効土被り圧分布$\sigma'_v(z)$を追記したものである。式で表すと

$$\sigma'_v(z)=\gamma' z-\frac{h}{l}\gamma_w z=\left(\gamma'-\frac{h}{l}\gamma_w\right)z \quad (5.46)$$

となる。今回のように供試体下部から上部へ浸透力が作用する場合，有効土被り圧分布は浸透力分小さくなる。式(5.46)の最右辺のように見かけの水中単

5.9 浸透力と限界動水勾配

位体積重量が小さくなる。すなわち重力が減少したように見え，浸透力が物体力であることが理解される。スタンドパイプを伸ばして動水勾配を増加させると，浸透力は増加し，有効土被り圧分布はさらに小さくなる。そして有効土被り圧分布が0，すなわち式(5.46)が0となるときが現れる。そのときの動水勾配は次式で表される。

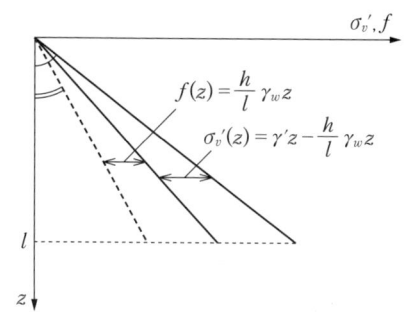

図5.20 浸透力下での土中の深さ方向の鉛直有効応力分布

$$\frac{h}{l} = \frac{\gamma'}{\gamma_w} \tag{5.47}$$

このような動水勾配は**限界動水勾配**（critical hydraulic gradient）i_{cr} と呼ばれ，砂供試体が見かけ上無重力状態に置かれたように，砂粒子は水中に舞い上がる。このような現象は**クイックサンド**（quick sand）と呼ばれる。水中単位体積重量 γ' は間隙比 e と土粒子密度 ρ_s で表せるので（式(2.12)参照），限界動水勾配は以下のようにも書き表すことができる。

$$i_{cr} = \frac{\gamma'}{\gamma_w} = \frac{\rho_s/\rho_w - 1}{1+e} = \frac{G_s - 1}{1+e} \tag{5.48}$$

なお，砂供試体に水が流れると有効土被り圧分布は減少するばかりではない。図5.21のように，スタンドパイプを縮めて砂供試体表面水位よりも低い

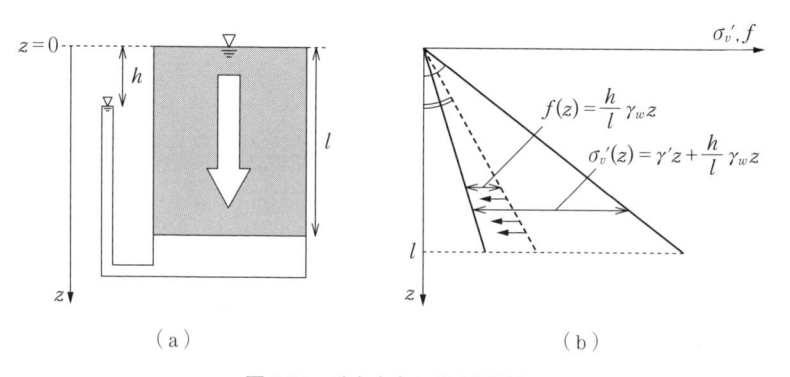

(a)　　　　　　　　　(b)

図5.21 重力方向に働く浸透力

水位にすれば，今度は砂供試体上部から下部へ水が流れ，図 5.21 とは逆向きに浸透力が働く。この浸透力は見かけの水中単位体積重量を増やし，すなわち深さ方向に対する有効土被り圧を増加させる。

演習問題

〔5.1〕 ベルヌーイの定理を復習せよ。

〔5.2〕 ポテンシャル流れに渦がないこと，つまり $\nabla \times \boldsymbol{v} = \boldsymbol{0}$ を示せ。

〔5.3〕 図 5.22 に示すように，透水係数 $k_1, k_2, \cdots, k_n$ の土が，それぞれ $H_1, H_2, \cdots, H_n$ の層厚で水平に堆積している。上下面のヘッドを $h(z=0)=h$, $h(z=H)=0$ とする。この不均質堆積層と鉛直流量を同じくするという意味で等価な均質層の透水係数 k を求めよ。

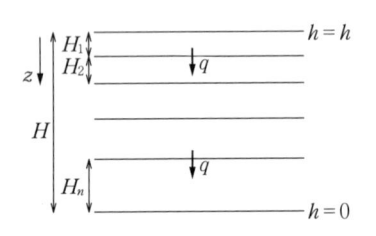

図 5.22 水平堆積層内の鉛直流れ

〔5.4〕 問題〔5.3〕において，水平流れを考える。図 5.23 のように鉛直方向にヘッド差はないが，左側面のヘッド $h=h$，右側面のヘッド $h=0$ のヘッド差で地盤中を水が流れている。水平流量を同じにするという意味で等価な均質層の透水係数 k を求めよ。

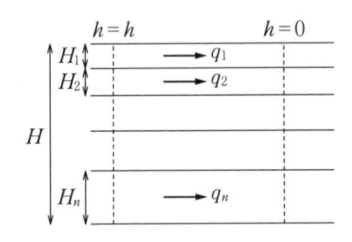

図 5.23 水平堆積層内の水平流れ

〔5.5〕 図5.24に示す1次元透水試験について，以下の問に答えよ。

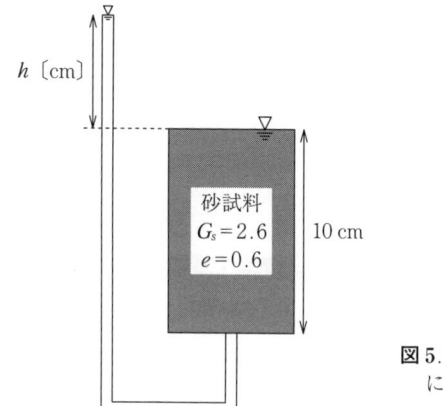

図5.24 1次元透水試験による浸透力問題

砂試料
$G_s = 2.6$
$e = 0.6$
10 cm
h 〔cm〕

（1）容器内の砂試料の限界動水勾配を求めよ。
（2）砂試料にクイックサンドが生じる水頭差 h を求めよ。
（3）水頭差 h を 100 cm に保って水を浸透させたとき，砂試料がクイックサンドに対して安全であるために，砂試料表面に必要な押さえ荷重を求めよ。

6章 ▶ 地盤の1次元弾性圧密挙動

◆ 本章のテーマ

本章では4章で紹介した圧密現象について，テルツァーギの1次元弾性圧密方程式を誘導し，圧密理論に基づく過剰間隙水圧の消散過程を確認する。そして，フーリエの方法により圧密方程式を解く。その解法を詳しく示すとともに，フーリエ級数による解の見どころ，過剰間隙水圧の等時曲線のモードの減衰速さを説明する。さらに，有効応力増分とひずみの関係から1次元圧密沈下量を求め，圧密度を定義する。最後に，浅岡による沈下予測に関する観測的方法の概要を説明する。

◆ 本章の構成（キーワード）

6.1 テルツァーギの1次元圧密方程式の誘導
　　自重を考慮した1次元の力のつり合い式，適合条件式，有効応力の原理，土骨格の構成式，水と土骨格の連続式

6.2 テルツァーギの1次元圧密方程式に見る過剰水圧の消散の仕方
　　境界条件，初期条件，アイソクローン

6.3 フーリエ級数による解とその見どころ
　　変数分離，解の重ね合わせ，固有モード，減衰速さ，時間係数

6.4 1次元圧密沈下と圧密度
　　最終沈下量，圧密度-時間係数関係

6.5 浅岡の沈下予測に関する観測的方法
　　差分図，実数列の漸化式，圧密問題の固有値

◆ 本章を学ぶと以下の内容をマスターできます

- テルツァーギの1次元圧密方程式の誘導
- 1次元圧密沈下，最終沈下量の計算
- 1次元圧密方程式のフーリエ級数展開による解
- 圧密度-時間係数関係の算出
- 浅岡の沈下予測法による最終沈下および圧密係数の算出

6.1 テルツァーギの 1 次元圧密方程式の誘導

4.3 節の思考実験その 3 では，飽和した粘土に鉄板錘を載荷すると，時間の経過とともに粘土供試体は圧縮していき，$t \to \infty$ でようやく停止することを示した。鉄板錘が一定で時間変化がないときでも，載荷時に発生した間隙水圧 $u(z)$ により間隙水がダルシー則に従って外部に流出し，有効応力 $\sigma'(z)$ の増加と間隙水圧 $u(z)$ の減少が時間とともに起こり，粘土供試体の圧縮が時間とともに起こるのである。この現象を圧密と呼ぶことはすでに述べた。この圧密を支配する方程式はテルツァーギによって示され，テルツァーギの 1 次元圧密方程式と呼ばれる。

テルツァーギの 1 次元圧密方程式を誘導する際，前提となる仮定を確認することは重要である。土粒子で形成される土骨格は，4.4.2 項で説明したように弾塑性体で理想化される。しかしここでは土骨格は線形弾性体で近似する。そして 4.4 節の標準圧密試験のように，土骨格の変形（ひずみ）や水の移動（浸透）は鉛直応力方向と同じ鉛直 1 次元方向にのみ生じるとし，また透水係数や土骨格の硬さなどは土の中で均質一様であると仮定する。取り扱う土は飽和土であり，したがって土粒子は非圧縮，水も非圧縮と仮定し，土全体の圧縮は土骨格の変形による間隙水の出入りのみによるとする。

図 6.1 に示すように，層厚 H の粘土層に単位面積当りの荷重 q が作用したとき，時刻 $t=0$ から $t=t$ までの状態の推移について示す。式を導く際の座標系は鉛直下向きの重力方向とする。

1 次元の力のつり合いは，式 (4.3) あるいは式 (4.14) で示したように

$$\frac{d\sigma(z)}{dz} = \rho_{sat} g = \gamma_{sat} \qquad (6.1)$$

である。つまり，$\sigma(z=0) = q$ とすると

$$\sigma(z) = q + \gamma_{sat} z \qquad (6.2)$$

となる。静水圧を $u_w(z)$ として

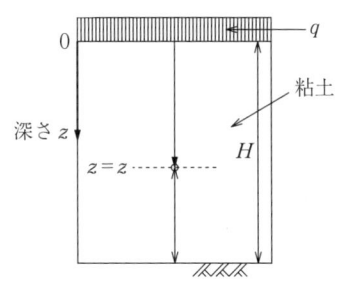

図 6.1 誘導のための座標系

$$\sigma(z,t) = \sigma'(z,t) + u(z,t) = \sigma'(z,t) + u_w(z) + u_e(z,t) \tag{6.3}$$

となる[†1]。過剰間隙水圧 $u_e(z,t)$ は，載荷によって静水圧よりも余分に発生した間隙水圧である。つまり，間隙水圧 $u(z,t)$ は静水圧 $u_w(z,t)$ と過剰間隙水圧 $u_e(z,t)$ の和で表される。時刻 $t=0$ から $t=t$ までに状態が推移するのは，有効応力 $\sigma'(z,t)$ または過剰間隙水圧 $u_e(z,t)$ であり，過剰間隙水圧に注目する。なお，荷重 q については簡単のため時間 t とともに変化せず，瞬間載荷とする。誘導を以下の六つのステップで示していく。

〔1〕 **載荷前の力のつり合い**　荷重 q を瞬間載荷する前の全応力 $\sigma_i(z)$ は，力のつり合い式

$$\frac{d\sigma_i(z)}{dz} = \gamma_{sat}, \qquad \sigma_i(z=0) = 0 \tag{6.4}$$

から

$$\sigma_i(z) = \gamma_{sat} z \tag{6.5}$$

となる。なお，添え字 i は初期（状態）の意味の initial を表す[†2]。

〔2〕 **荷重 q による１次元載荷**　荷重 q を地表面に瞬間載荷するとき，新たに増える全応力を $\sigma(z,t)$ として，力のつり合い式は

$$\frac{\partial\{\sigma_i(z) + \sigma(z,t)\}}{\partial z} = \gamma_{sat}, \qquad \sigma_i(z=0) + \sigma(z=0,t) = q \tag{6.6}$$

となる。したがって

$$\sigma_i(z) + \sigma(z,t) = q + \gamma_{sat} z \tag{6.7}$$

より，式 (6.5) と比較して，また式 (6.4), (6.6) より以下のようになる。

$$\frac{\partial \sigma(z,t)}{\partial z} = 0, \qquad \sigma(z=0,t) = q \quad \text{または} \quad \sigma(z,t) = q \tag{6.8}$$

〔3〕 **全応力，有効応力と間隙水圧による表示**　載荷前については

$$\sigma_i(z) = \sigma'_i(z) + u_w(z) = \gamma' z + \gamma_w z \tag{6.9}$$

載荷後については

[†1] 圧密方程式で時刻 $t=0$ から $t=t$ までの状態の推移を導くことから，時刻 t と深さ z の関数とした。

[†2] 載荷前を $t=0$ としていることから，$\sigma_i(z)$ となる。

$$\sigma_i(z) + \sigma(z,t) = \sigma_i'(z) + \sigma'(z,t) + u_w(z) + u_e(z,t) \tag{6.10}$$

である。式 (6.10) から式 (6.9) を差し引くと

$$\sigma(z,t) = \sigma'(z,t) + u_e(z,t) = q \tag{6.11}$$

となる。式 (6.11) は，荷重 q を有効応力と過剰間隙水圧が分担して支え，その分担割合が時刻 t とともに変化することを意味している。

〔4〕 **土骨格の構成式**　4.2項の思考実験のように，全応力に変化があっても有効応力に変化がなければ土は変形しない。式 (6.9)，(6.10) から載荷前後での有効応力の変化は $\sigma'(z,t)$ である。これに対し，土には軸ひずみ $\varepsilon(z,t)$ が発生する。ここでは応力だけでなくひずみも圧縮を正としている。それらの関係，すなわち構成式は

$$\varepsilon(z,t) = m_v \sigma'(z,t) \tag{6.12}$$

とする。m_v は**体積圧縮係数** (coefficient of volume compressibility) であり，値が大きいほど土は軟らかい。

〔5〕 **ひずみの適合条件**　3章において，引張りを正にとったときの変位とひずみの関係は式 (3.24) あるいは式 (3.30) で示された。ここでは圧縮を正にとるので，$u(z,t)$ を変位，$\varepsilon(z,t)$ を圧縮ひずみとして

$$\varepsilon(z,t) = -\frac{\partial u(z,t)}{\partial z} \tag{6.13}$$

のように右辺にはマイナスを付ける。

〔6〕 **相対速度としてのダルシー則の速度**　（4），（5）の変位やひずみについては，土骨格に関するものであった。ダルシー則の速度 v_w は，土骨格ではなく間隙水に関するもので[†]，式 (5.7) および**図6.2** から

$$v_w \boldsymbol{i} = -k \frac{\partial h(z,t)}{\partial z} \boldsymbol{i} \tag{6.14}$$

と表される。全水頭 $h(z,t)$ が z について増加関数のとき，v_w は負となり，間隙水は下から上へ流れる。ここで重要事項を二つ述べる。

① v_w は土の全断面に関するものである。

[†] 土骨格の速度ではなく間隙水の速度であることを強調するため，ここでは下付き文字を w としている。

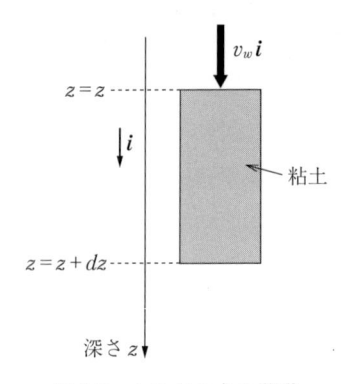

図 6.2 土の中の水の移動
（ダルシー則）

② v_w は土骨格の断面 z から見た相対速度である。

①は 5.5 節ですでに述べた。②については、土骨格の断面 z での速度を $v(z,t)$ とすると

$$v(z,t) = -v_w(z,t) \tag{6.15}$$

であり、もちろん

$$v(z,t) = \frac{\partial u(z,t)}{\partial t} \tag{6.16}$$

で、式 (6.13) の土骨格の変位と関係する。

さて、式 (6.15) の両辺を z で偏微分する。

$$\frac{\partial v(z,t)}{\partial z} = -\frac{\partial v_w(z,t)}{\partial z} \tag{6.17}$$

ここで、式 (6.17) の左辺に式 (6.16) を代入した後、式 (6.13) を代入すると

$$\frac{\partial v(z,t)}{\partial z} = \frac{\partial}{\partial z}\left(\frac{\partial u(z,t)}{\partial t}\right) = \frac{\partial}{\partial t}\left(\frac{\partial u(z,t)}{\partial z}\right) = -\frac{\partial \varepsilon(z,t)}{\partial t} \tag{6.18}$$

となる。したがって、式 (6.17) は次式で示される。

$$\frac{\partial \varepsilon(z,t)}{\partial t} = \frac{\partial v_w(z,t)}{\partial z} \tag{6.19}$$

この式は、土骨格の圧縮ひずみ速度が排水速度の発散と等しいことを表しており、水と土骨格の連続式と呼ばれることがある[†]。なお、式 (6.14) のダルシー則の全水頭 $h(z,t)$ は、図 6.1 を参考に基準面を $z=0$ とすると

$$h(z,t) = \frac{u(z,t)}{\gamma_w} + (-z) = \frac{u_w(z) + u_e(z,t)}{\gamma_w} + (-z)$$

$$= \frac{\gamma_w z + u_e(z,t)}{\gamma_w} + (-z) = \frac{u_e(z,t)}{\gamma_w} \tag{6.20}$$

より、i を省略して

$$v_w = -\frac{k}{\gamma_w}\frac{\partial u_e(z,t)}{\partial z} \tag{6.21}$$

---

† 式 (6.19) の右辺を 0 とすると、1 次元透水の連続式となる。

となる。以上の基礎式からテルツァーギの1次元圧密方程式を誘導する。k を一定とし、式 (6.19) に式 (6.21) を代入すると

$$\frac{\partial \varepsilon(z,t)}{\partial t} = -\frac{k}{\gamma_w}\frac{\partial^2 u_e(z,t)}{\partial z^2} \tag{6.22}$$

となる。左辺については、式 (6.12) から、体積圧縮係数 m_v を一定として

$$\frac{\partial \varepsilon(z,t)}{\partial t} = m_v \frac{\partial \sigma'(z,t)}{\partial t} \tag{6.23}$$

であるが、式 (6.11) から

$$\sigma'(z,t) = q - u_e(z,t) \tag{6.24}$$

であり、式 (6.23) に代入すると

$$\frac{\partial \varepsilon(z,t)}{\partial t} = -m_v \frac{\partial u_e(z,t)}{\partial t} \tag{6.25}$$

となり、式 (6.22) を用いて

$$\frac{\partial u_e(z,t)}{\partial t} = c_v \frac{\partial^2 u_e(z,t)}{\partial z^2} \tag{6.26}$$

となる。この式はテルツァーギの1次元圧密方程式と呼ばれ

$$0 \leq z \leq H, \quad t \geq 0 \tag{6.27}$$

を満たす土の（準静的な）運動を支配する。なお

$$c_v = \frac{k}{m_v \gamma_w} \tag{6.28}$$

は**圧密係数**（coefficient of consolidation）と呼ばれ、$c_v > 0$ である。式 (6.12) から土骨格は線形弾性体を仮定しており、したがって式 (6.26) は、線形弾性1次元圧密方程式とも呼ばれる。

6.2　テルツァーギの1次元圧密方程式に見る過剰水圧の消散の仕方

6.2.1　境界条件

式 (6.26) は、過剰間隙水圧 $u_e(z,t)$ の t に関する1階、z に関する2階の偏微分方程式であり、このため、時刻 t での $u_e(z,t)$ の値と、2点の深さ z_1、z_2

での $u_e(z, t)$ の値か，$\partial u_e(z, t)/\partial z$ の値かが必要である．後者は境界条件であるが，**図 6.3** に示すように地表面 $z=0$ では透水層が接し，$z=H$ では岩盤などの基盤で不透水層が接しているとする．

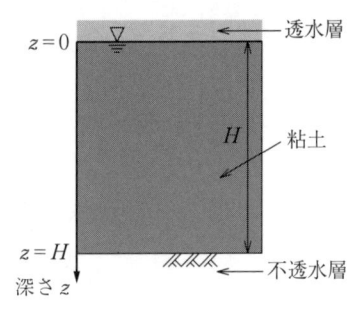

図 6.3 境界条件

（1） 地表面での過剰間隙水圧

地表面 $z=0$ での過剰間隙水圧は，t によらず

$$u_e(z=0, t) \fallingdotseq 0 \tag{6.29}$$

である．このような境界を，粘土層の**排水境界**（drained boundary）と呼ぶ．

（2） 粘土層底部の境界条件

$z=H$ の粘土層底面として，変位しない非排水岩盤を考える．岩盤から粘土層に，あるいは粘土層から岩盤には，t によらず間隙水の移動はない．すなわち

$$v_w(z=H, t) = 0 \tag{6.30}$$

であり，したがって，ダルシー則から次式が求められる．

$$\left. \frac{\partial u_e(z, t)}{\partial z} \right|_{z=H} = 0 \tag{6.31}$$

式 (6.31) の条件を満たす境界 $z=H$ を，粘土層の**非排水境界**（undrained boundary）と呼ぶ．

6.2.2 初 期 条 件

式 (6.26) は，過剰間隙水圧 $u_e(z, t)$ の t に関する 1 階の微分を含むので，解を決めるためには，ある時刻 t で $u_e(z, t)$ を $0 \leq z \leq H$ で与えておく必要がある．ここでは $t=0$ で与える．

$$u_e(z, t=0) = g(z) \tag{6.32}$$

を**初期条件**（initial condition）と呼ぶ．

$z=0$ で荷重 q を瞬間載荷する場合を考える．荷重 q が載荷された直後は粘土層内で間隙水の移動はなく，したがって間隙の大きさに変化はない．すなわ

ち，粘土層はどの深さ z でも圧縮はなく

$$\varepsilon(z,t=0)=0 \qquad (0\leq z\leq H) \tag{6.33}$$

であり，したがって，式 (6.12) から有効応力の変化 $\sigma'(z,t=0)$ は0となり，式 (6.11) から

$$u_e(z,t=0)=g(z)=q \qquad (0<z\leq H) \tag{6.34}$$

が，この瞬間載荷問題の初期条件となる。ただし $z=0$ では，式 (6.29) で示したように

$$u_e(z=0,t=0)=0 \tag{6.35}$$

である。式 (6.34)，(6.35) を**図 6.4** に示す。式 (6.34) は $z=H$ での非排水境界条件（式 (6.31)）を満たしている。式 (6.35) は $z=0$ での排水境界条件（式 (6.29)）を満足している。$z=0$ 近傍の粘土層で，過剰間隙水圧が0から q に分布し，極端に右に凸になる。この分布から圧密は始まり，順に粘土底部に及ぶ。

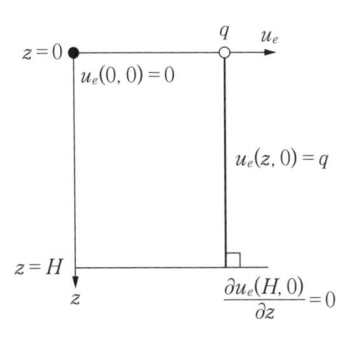

図 6.4 初期条件

6.2.3 過剰間隙水圧の等時曲線の特徴

式 (6.26) の1次元圧密方程式を 6.2.1 項の境界条件，6.2.2 項の初期条件のもとで解いた解 $u_e(z,t)$ を，各時刻 t における z の関数として描いたものを**等時曲線**（アイソクローン：isochrone）と呼ぶ。**図 6.5** に等時曲線の経時変化を示す[†]。式 (6.26) から，等時曲線が右に凸，すなわち上に凸であるとは $\partial^2 u_e(z,t)/\partial z^2<0$ を意味する。$c_v>0$ であることから，式 (6.26) の左辺は，$\partial u_e(z,t)/\partial t<0$ となり，$u_e(z,t)$ は時間とともに減少する。したがって，$\partial^2 u_e(z,t)/\partial z^2$ の負値が大きいほど，つまり等時曲線の右に凸の曲率が大きいほど，$u_e(z,t)$ は速く減少する。6.2.2 項での $z=0$ 近傍の粘土層で等時曲線の

[†] どの時刻でも境界条件を満たしている。また，もちろん $u_e(z,t)=0$，$0\leq z\leq H$ も境界条件を満足するし，式 (6.26) の解である。

(a) 圧密開始時　　　　　　　　　　　　(b) 圧密終了時

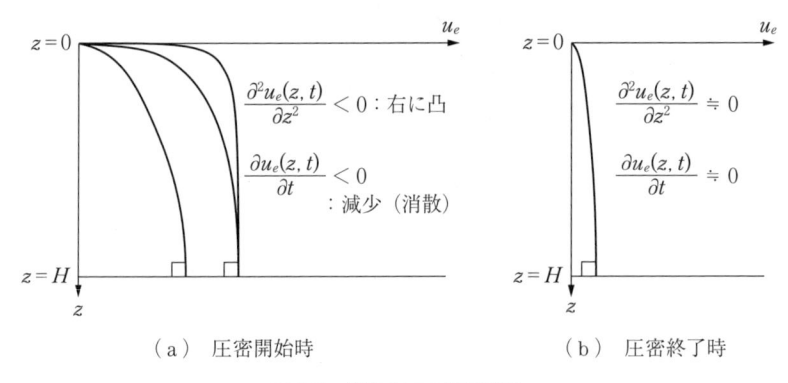

図 6.5　等時曲線の経時変化

曲率は非常に大きく，したがってこの排水境界の近傍から過剰間隙水圧の消散が始まる。時間がたつにつれて過剰間隙水圧は消散していき，等時曲線の曲率が徐々に小さくなっていくため，過剰間隙水圧の消散はしだいに遅くなる。過剰間隙水圧が完全に0になるまでには，無限の時間を費やすことになる。

6.3　フーリエ級数による解とその見どころ

1次元圧密方程式（式 (6.26)）の解をフーリエの方法により求める。独立変数の定義域は以下のとおりである。

$$0 \leq z \leq H, \quad t \geq 0 \tag{6.36}$$

式 (6.26) を，以下の境界条件，初期条件のもとで解く。

$$\text{境界条件：} \quad u_e(z=0, t) = 0, \quad \left.\frac{\partial u_e(z, t)}{\partial z}\right|_{z=H} = 0 \tag{6.37}$$

$$\text{初期条件：} \quad u_e(z=0, t=0) = 0, \quad u_e(z, t=0) = q \tag{6.38}$$

フーリエの方法は変数分離，解の重ね合わせの二つからなる。

〔1〕**変数分離**　式 (6.26) は z と t の関数であることから，解を以下で表す。

$$u_e(z, t) = F(z) G(t) \tag{6.39}$$

6.3 フーリエ級数による解とその見どころ

ここで，$F(z)$，$G(t)$ はそれぞれ z のみ，t のみの関数であり，式 (6.26) に代入すると

$$\frac{1}{c_v}\frac{1}{G(t)}\frac{dG(t)}{dt}=\frac{1}{F(z)}\frac{d^2F(z)}{dz^2} \tag{6.40}$$

となるが，左辺は t のみの関数，右辺は z のみの関数であり，それらが $t \geqq 0$，$0 \leqq z \leqq H$ で等しい。すなわち両辺とも定数であり，この定数を $-A^2$ (負) とおくと，以下の常微分方程式を得る。

$$\frac{d^2F(z)}{\partial z^2}=-A^2F(z) \tag{6.41}$$

$$\frac{dG(t)}{dt}=-A^2c_vG(t) \tag{6.42}$$

式 (6.41) の解は，c_1, c_2 を積分定数として

$$F(z)=c_1\cos Az+c_2\sin Az \tag{6.43}$$

式 (6.42) の解は，c_3 を積分定数として

$$G(t)=c_3\exp(-A^2c_vt) \tag{6.44}$$

と表せる。改めて $c_1c_3=b_1$，$c_2c_3=b_2$ とおけば，式 (6.26) の解は

$$u_e(z,t)=(b_1\cos Az+b_2\sin Az)\exp(-A^2c_vt) \tag{6.45}$$

となる。ここで，未知定数 A は境界条件 (式 (6.37)) から決まる。すなわち，排水境界条件 $u_e(z=0,t)=0$ より $b_1=0$ となる。一方，非排水境界条件 $\partial u_e/\partial z\big|_{z=H}=0$ より

$$b_2\cos AH=0 \tag{6.46}$$

となる。ここで $b_2=0$ とすると $u_e(z,t)=0$ となり，最初から最後まで過剰間隙水圧が 0 という**自明解** (trivial solution) になるので，$b_2 \neq 0$ とすると式 (6.46) より

$$A=\frac{2n-1}{2H}\pi \quad (n=1,2,3,\cdots) \tag{6.47}$$

となる。すなわち，A は任意定数ではなく境界条件によって決まる値で，式 (6.46) は固有方程式，式 (6.47) の A は固有値と呼ばれる。ここで b_2 を改めて B_n，A を A_n として，式 (6.26) の解 (式 (6.45)) を

$$u_e(z,t) = B_n \sin A_n z \exp(-A_n^2 c_v t)$$

$$\text{ここに} \quad A_n = \frac{2n-1}{2H}\pi \quad (n=1,2,3,\cdots) \tag{6.48}$$

と書き直すと，境界条件を満足する解が n に応じて決まる．B_n をどのように決めるのかをつぎに示す．

〔2〕**解の重ね合わせ** 1次元圧密方程式（式(6.26)）は線形である．すなわち，仮に $u_1(z,t)$，$u_2(z,t)$ が解であるとすると，$\alpha u_1(z,t) + \beta u_2(z,t)$ も解となる（α, β はスカラー）．さらに境界条件は斉次（同次）であり，$u_1(z,t)$，$u_2(z,t)$ がそれぞれ境界条件を満たすときは，$\alpha u_1(z,t) + \beta u_2(z,t)$ もこの境界条件を満たす．したがって，式(6.48)の要素解は重ね合わせても式(6.26)，(6.37)，(6.38)を満足する．以上より，一般解は

$$u_e(z,t) = \sum_{n=1}^{\infty} B_n \sin A_n z \exp(-A_n^2 c_v t) \tag{6.49}$$

となる．なお，B_n は初期条件から決まることに注意が必要である．初期条件を

$$u_e(z, t=0) = g(z) \tag{6.50}$$

とすると，式(6.49)に $t=0$ を代入することにより

$$g(z) = \sum_{n=1}^{\infty} B_n \sin A_n z = \sum_{n=1}^{\infty} B_n \sin \frac{2n-1}{2H}\pi z \tag{6.51}$$

を得る．この式は $g(z)$ のフーリエ正弦級数展開に相当する．係数 B_n を求めるには，自然数 m, n に対し

$$\int_0^\pi \sin mx \, \sin nx \, dx = \begin{cases} 0 & (m \neq n) \\ \dfrac{\pi}{2} & (m = n) \end{cases} \tag{6.52}$$

が成り立つことを利用する．$x = (\pi/2H)z$ と変数変換すると，式(6.52)は

$$\int_0^{2H} \sin \frac{m\pi}{2H}z \, \sin \frac{n\pi}{2H}z \, dz = \begin{cases} 0 & (m \neq n) \\ H & (m = n) \end{cases} \tag{6.53}$$

となり，式(6.51)の両辺に $\sin\{(2m-1)/2H\}\pi z$ をかけて $0 \leq z \leq 2H$ で積分すると

$$\int_0^{2H} g(z) \sin \frac{2m-1}{2H}\pi z \, dz = B_m H \tag{6.54}$$

6.3 フーリエ級数による解とその見どころ

となる。すなわち，m を n とすると，B_n は以下のようになる。

$$B_n = \frac{1}{H}\int_0^{2H} g(z)\sin\frac{2n-1}{2H}\pi z\, dz \tag{6.55}$$

$g(z) = q$ とすると，式 (6.55) は

$$B_n = \frac{4q}{\pi}\frac{1}{2n-1} \tag{6.56}$$

となり，過剰間隙水圧 $u_e(z,t)$ は次式のようになる。

$$u_e(z,t) = \frac{4q}{\pi}\sum_{n=1}^{\infty}\frac{1}{2n-1}\sin\frac{2n-1}{2H}\pi z\,\exp\left\{-\left(\frac{2n-1}{2}\pi\right)^2\frac{c_v}{H^2}t\right\} \tag{6.57}$$

〔3〕 **固有モードの減衰速さ**　式 (6.49) の $u_e(z,t)$ の一般解は，式 (6.47) に注意して

$$u_e(z,t) = \sum_{n=1}^{\infty} B_n \sin\frac{2n-1}{2H}\pi z\,\exp\left\{-\left(\frac{2n-1}{2}\pi\right)^2\frac{c_v}{H^2}t\right\} \tag{6.58}$$

となる。ここにフーリエ係数 $B_1, B_2, \cdots, B_n, \cdots$ は定数で，$n=1$ の等時曲線を第1モード，$n=2$ を第2モードとして図 6.6 に示す。各モードと重ね合わせることにより，境界条件や初期条件を満足する等時曲線を表現することができる。

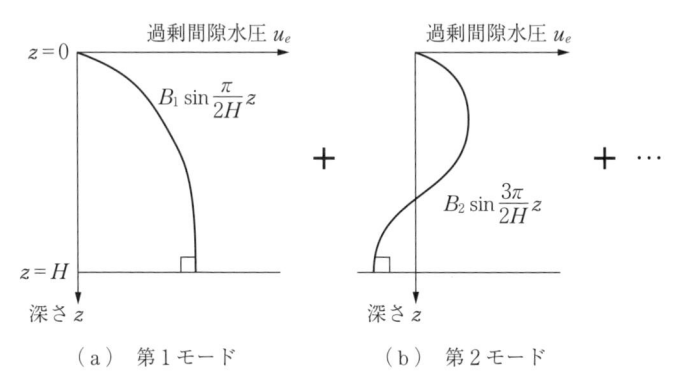

図 6.6 過剰間隙水圧の等時曲線の第1，第2モード

また，それぞれのモードは独自に，指数関数

$$\exp\left\{-\left(\frac{2n-1}{2}\pi\right)^2\frac{c_v}{H^2}t\right\} = \exp(\lambda_n t) \tag{6.59}$$

の速さで減衰していく。ここで，**時間係数**（time factor）T_v を次式で定義する。

$$T_v = \frac{c_v}{H^2} t \tag{6.60}$$

第1～第3モードの減衰速さは以下のようになる。

第1モード： $\exp\left\{-\left(\dfrac{T_v}{4}\pi^2\right)\right\} = \exp(\lambda_1 t)$

第2モード： $\exp\left\{-3^2\left(\dfrac{T_v}{4}\pi^2\right)\right\} = \exp(\lambda_2 t)$

第3モード： $\exp\left\{-5^2\left(\dfrac{T_v}{4}\pi^2\right)\right\} = \exp(\lambda_3 t)$

λ_1, λ_2, λ_3 は負の実数であり，圧密の速さを決める。これらは圧密問題の固有値と呼ばれ，$\lambda_1 : \lambda_2 : \lambda_3 = -1 : -9 : -25$ となる。すなわち，時間が少したつと高次モードほど速く減衰するので，第1モードが卓越するようになる。式(6.58)は，少し時間がたつと

$$u_e(z,t) \fallingdotseq B_1 \sin\frac{1}{2H}\pi z \, \exp\left\{-\left(\frac{T_v}{4}\pi^2\right)\right\} \tag{6.61}$$

となる。ちなみに，$g(z)=q$（一定）の場合は，式(6.56)より $B_1 = 4q/\pi$ である。

6.4　1次元圧密沈下と圧密度

6.4.1　1次元圧密沈下の計算

1次元圧密における時刻 t での沈下量 $\rho(t)$ は

$$\rho(t) = \int_0^H \varepsilon(z,t) dz \tag{6.62}$$

で与えられる。境界条件として，$z=0$ における時刻 t での変位を $u(z=0,t)$，$z=H$ での変位を $u(z=H,t)$ とし，これらを用いて式(6.62)を書き改めると

$$\rho(t) = \int_0^H \varepsilon(z,t)dz = -\int_0^H \frac{\partial u(z,t)}{\partial z}dz = u(z=0,t) - u(z=H,t) \tag{6.63}$$

となる。ここで基盤の変位 $u(z=H,t)$ は0であることから，式(6.63)は地表面 ($z=0$) で沈下量を与える。1次元圧密沈下量の計算において，時刻 t とともに沈下は進行しているにもかかわらず，積分範囲は $0 \leqq z \leqq H$ としている。す

6.4 1次元圧密沈下と圧密度

なわち,時刻 t とともに進行する沈下はないと仮定し,沈下量 $\rho(t)$ を計算している。このような計算を微小変形解析と呼ぶ[†]。ひずみは式 (6.12) の構成式,および式 (6.24) より

$$\varepsilon(z,t) = m_v \sigma'(z,t) = m_v \{q - u_e(z,t)\} \tag{6.64}$$

となり,式 (6.62) に代入すると

$$\rho(t) = \int_0^H \varepsilon(z,t)\,dz = \int_0^H m_v \{q - u_e(z,t)\}\,dz$$

$$= m_v qH - m_v \int_0^H u_e(z,t)\,dz \tag{6.65}$$

となる。$u_e(z,t)$ の解(式 (6.57))を代入すると,1次元弾性圧密沈下量は次式のようになる。

$$\rho(t) = m_v qH \left[1 - \frac{8}{\pi^2}\sum_{n=1}^{\infty}\frac{1}{(2n-1)^2}\exp\left\{-\left(\frac{2n-1}{2}\pi\right)^2\frac{c_v}{H^2}t\right\}\right] \tag{6.66}$$

$t \to \infty$ で $u_e(z,t)$ は 0 となることから,最終沈下量はつぎのようになる。

$$\rho(t \to \infty) = m_v qH = \rho_f \tag{6.67}$$

6.4.2 沈下-時間関係の無次元化(圧密度-時間係数関係)

圧密度 $U(t)$ は

$$U(t) = \frac{\rho(t)}{\rho_f} \tag{6.68}$$

で定義される。式 (6.66),(6.67) から,また式 (6.60) より

$$U(T_v) = 1 - \frac{8}{\pi^2}\sum_{n=1}^{\infty}\frac{1}{(2n-1)^2}\exp\left\{-\left(\frac{2n-1}{2}\pi\right)^2 T_v\right\} \tag{6.69}$$

となり,圧密度 U と時間係数 T_v の関係式を得る。この関係式は,荷重 q,粘土層厚,圧密係数 c_v のいずれにも依存しない。圧密度と時間係数の関係は,初期過剰間隙水圧分布によって変わるが,今回のように,初期過剰間隙水圧分布が粘土層内で深さ方向に直線分布であるときは,**図 6.7** に示すように,代表的な値として,圧密度 $U = 50\,\%$,$90\,\%$ それぞれに対する時間係数 T_v は以下

[†] 微小変形解析では,ラグランジュひずみ (3.2.1 項) とオイラーひずみ (3.2.2 項) の区別はなくなる。

のようになる。

$$\left.\begin{array}{l}U(T_v)=50\%\to T_v=0.197\\U(T_v)=90\%\to T_v=0.848\end{array}\right\} \quad (6.70)$$

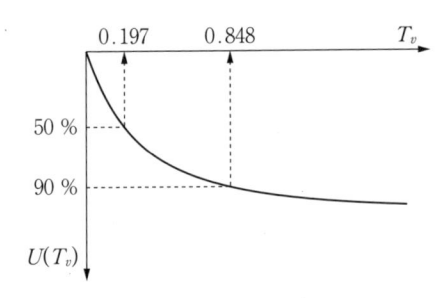

図 6.7 圧密度-時間係数の関係

現場の沈下計算（沈下の事前予測）では，最終沈下量 ρ_f を別途先に求めておいて

$$\rho(T_v)=U(T_v)\rho_f \quad \text{ただし} \quad t=\frac{H^2}{c_v}T_v \quad (6.71)$$

のように求める。

6.5 浅岡の沈下予測に関する観測的方法 [1]

最終沈下量 ρ_f を観測データより求める方法として浅岡の方法がある。**図 6.8** に沈下量-時間関係（沈下曲線）を模式的に示す。

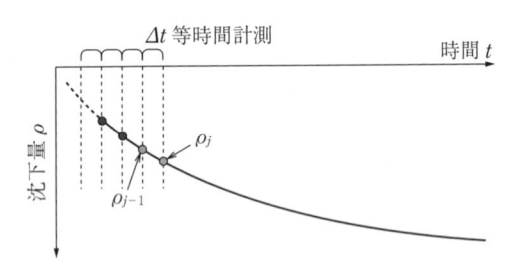

図 6.8 沈下曲線の等時間計測

沈下量 ρ を等時間間隔 Δt で計測すると，j 番目の時刻 t は

$$t=\Delta t\cdot j \quad (6.72)$$

と書き表される。したがって，j 番目の時刻 t で計測された沈下量 $\rho(t)$ は

$$\rho(t)=\rho(\Delta t\cdot j)=\rho_j \quad (6.73)$$

となり，刻々の沈下量は実数列 ρ_j で置き換えられる。沈下曲線を最も簡単な数列の漸化式で近似すると[†1]

6.5 浅岡の沈下予測に関する観測的方法

$$\rho_j = \beta_0 + \beta_1 \rho_{j-1} \tag{6.74}$$

となる。式 (6.74) から，刻々の沈下量 ρ_j を差分図 ρ_{j-1}-ρ_j 関係で表すと，模式的に**図 6.9** のようになる。β_0 は切片を，β_1 は傾きを表す。図のように，最終沈下量 ρ_f は $\rho_j = \rho_{j-1}$ となる，すなわち差分図の 45°線に交わる点であり，その値は

$$\rho_f = \frac{\beta_0}{1-\beta_1} \tag{6.75}$$

となる。また，沈下量は時間とともに最終沈下量へ収束していくことから，β_0 と β_1 の範囲は以下で示される。

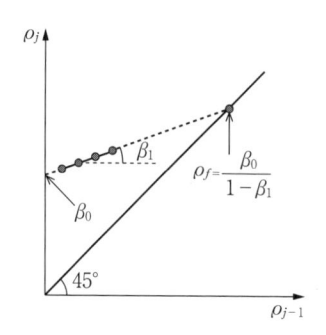

図 6.9 差分図

$$0 < \beta_0 < \rho_f, \quad 0 < \beta_1 < 1 \tag{6.76}$$

一方，この漸化式 (6.74) を解くと

$$\rho_j = \frac{\beta_0}{1-\beta_1} + C(\beta_1)^j, \quad C = \rho_0 - \frac{\beta_0}{1-\beta_1} \tag{6.77}$$

となる。最終沈下量 ρ_f は，式 (6.77) において $j \to \infty$ とすることに相当し，式 (6.76) の $0 < \beta_1 < 1$ を考慮すると式 (6.75) を得る。圧密沈下開始あたりの沈下量を等時間計測し，その数点の沈下量[†2]を差分図にプロットして直線近似すれば，$\rho_j = \rho_{j-1}$ となる 45°線にぶつかるときの沈下量を最終沈下量として予測することができる。

荷重一定時におけるテルツァーギの 1 次元圧密理論に基づく沈下量の式（式 (6.66)）において過剰間隙水圧の等時曲線の第 1 モードのみの場合と，浅岡法で得られた沈下量（式 (6.77)）の比較をするため，式 (6.66) において $n=1$ の場合を次式に示す。

$$\rho(t) = m_v q H - \frac{8qH}{\pi^2} m_v \exp(\lambda_1 t) \tag{6.78}$$

[†1] （前ページの脚注）一般形は $\rho_j = \beta_0 + \beta_1 \rho_{j-1} + \beta_2 \rho_{j-2} + \cdots$ である。
[†2] 沈下量の代わりに過剰間隙水圧でもよい。その場合は，45°線よりも下側から 45°線に近づいていく。

最終沈下量 ρ_f はすでに式 (6.67), (6.75) で示している。圧密問題の固有値に関する項の比較から

$$(\beta_1)^j = \exp(\lambda_1 t) \tag{6.79}$$

となり，式 (6.60), (6.72) を考慮して

$$\frac{\ln \beta_1}{\Delta t} = -\frac{\pi^2}{4}\frac{c_v}{H^2} \tag{6.80}$$

となる。すなわち差分図で沈下量をプロットし，直線近似したときの傾き β_1 より，圧密係数 c_v および透水係数 k を求めることができる[†]。なお，傾き β_1 は等時間間隔 Δt のとり方によって変わるので注意が必要である。

式 (6.76) における β_0 は，最終沈下量との関係（式 (6.67), (6.75)）から，荷重に比例する。すなわち，載荷荷重に応じて値は変化する。一方，β_1 は荷重の大きさには影響されず，地盤の硬さ，透水係数，層厚，排水条件等に関係して値が決まる。

演 習 問 題

〔6.1〕 図 6.4 の初期等時曲線を第 10 モードまでの固有モードを使って表せ。

〔6.2〕 式 (6.65) の時間微分を計算することにより，「毎時の沈下量（沈下速度）は，排水境界から毎時出ていく間隙水の量に等しい」ことを示せ。

〔6.3〕 砂層に挟まれた層厚 20 m で $c_v = 84.8 \text{ cm}^2/\text{day}$ の粘土層において，圧密度 U が 90 % に達するまでに要する日数を求めよ。

〔6.4〕 両面排水条件下の層厚 2 cm の飽和粘土供試体に，ある荷重をかけて圧密したところ，圧密度が 90 % に達するのに 4 分 30 秒かかった。この粘土の圧密係数 c_v はいくらか。

〔6.5〕 境界条件が等しく初期条件も等しいとき，透水係数が 2 倍大きい粘土と，土の硬さが 2 倍硬い粘土ではどちらが圧密が速いか。

〔6.6〕 境界条件が等しく初期条件も等しいとき，層厚 H が 2 倍になると圧密速さはどれほど遅くなるか。

[†] c_v から k を求めるには体積圧縮係数 m_v の値も必要である。

7章 3次元空間での応力とひずみの表現

◆ 本章のテーマ

　地盤材料に限らず，地球上の材料の力学挙動は3次元空間で表現される．3次元空間の力学挙動を表現するため，テンソル，特に2階のテンソルに注目し，本章では，応力を表現するテンソル（応力テンソル）とひずみを表現するテンソル（ひずみテンソル）を，三軸試験と関連づけて紹介する．具体的には，応力テンソルに関連する不変量としての軸差応力，平均有効応力，ひずみテンソルに関連するせん断ひずみ，体積ひずみを学ぶ．これらのパラメータは，三軸試験で得た力学挙動を整理する際に用いられる．

◆ 本章の構成（キーワード）

7.1 応力テンソルと応力パラメータ ― 軸差応力と平均有効応力の定義
　　せん断応力，垂直応力，応力テンソル，表現行列，コーシーの応力公式，主応力，主応力面，主軸
7.2 ひずみテンソルとひずみパラメータ ― 体積ひずみとせん断ひずみの定義
　　変形，単純せん断，主ひずみ，主ひずみ方向，体積膨張率，体積圧縮率，体積ひずみ
7.3 テンソル成分表記による応力パラメータ，ひずみパラメータの定義
　　第1不変量，第2不変量，偏差応力テンソル，偏差ひずみテンソル，総和規約，クロネッカーのデルタ

◆ 本章を学ぶと以下の内容をマスターできます

☞ コーシーの応力公式の意味
☞ 応力パラメータ（軸差応力と平均有効応力）の意味
☞ ひずみパラメータ（せん断ひずみと体積ひずみ）の意味
☞ 体積ひずみを比体積で整理する利点

7.1 応力テンソルと応力パラメータ
― 軸差応力と平均有効応力の定義

7.1.1 コーシーの応力公式と応力テンソル

3.1節では，1次元状態での棒の引張りにおいて，$x=x$ での断面に働く表面力ベクトル t は外向き法線 i の関数であると仮定して式 (3.7) を定義した。ここでは図7.1に示すように，3次元空間にある物体内部の点Xを含む断面に働く表面力ベクトルを表現する。1次元と異なり，3次元空間では物体内部の点Xを含む断面は無数通り存在する。そのため，断面の外向き単位法線ベクトルを n として点X近傍の断面を特定し，その断面に働く表面力ベクトルを t とすると，t と n は線形関係となり

$$t = \sigma n \tag{7.1}$$

で表される。式 (7.1) は**コーシーの応力公式**(Cauchy's formula) と呼ばれ[†1]，式 (3.6) でもすでに示している。σ は**コーシーの応力テンソル**(Cauchy's stress tensor) と呼ばれ，対称テンソルである。

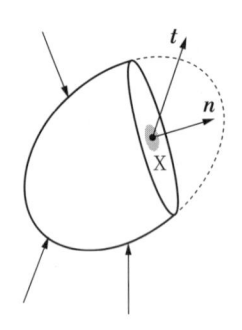

図7.1 3次元空間にある物体の断面に働く表面力

正規直交座標系（基底ベクトルは e_1, e_2, e_3）をとり，以下のようにコーシーの応力テンソルを行列 $[\sigma]$ で表現する[†2]。

$$[\sigma] = \begin{pmatrix} \sigma_{11} & \sigma_{12} & \sigma_{13} \\ \sigma_{21} & \sigma_{22} & \sigma_{23} \\ \sigma_{31} & \sigma_{32} & \sigma_{33} \end{pmatrix} \tag{7.2}$$

表面力ベクトル，外向き単位法線ベクトルもそれぞれベクトルの成分で示す

[†1] $t = \sigma^T n$ で説明する教科書もあるが，テンソルの表現行列の成分の定義から，式 (7.1) とした。なお，$t = \sigma^T n$ の場合の応力テンソルの表現行列の成分 σ_{ij} の意味は，x_i 軸に垂直な面に作用する表面力ベクトル（引張りを正）の j 成分となる。

[†2] 応力テンソルの表現行列は，以下のように座標系を規定する基底ベクトル (e_1, e_2, e_3) 付きで書かれるが，ここでは行列のみを示している。

$$\begin{aligned}\sigma = &\sigma_{11} e_1 e_1^T + \sigma_{12} e_1 e_2^T + \sigma_{13} e_1 e_3^T \\ &+ \sigma_{21} e_2 e_1^T + \sigma_{22} e_2 e_2^T + \sigma_{23} e_2 e_3^T \\ &+ \sigma_{31} e_3 e_1^T + \sigma_{32} e_3 e_2^T + \sigma_{33} e_3 e_3^T\end{aligned}$$

7.1 応力テンソルと応力パラメータ ― 軸差応力と平均有効応力の定義

と，コーシーの応力公式は

$$\begin{pmatrix} t_1 \\ t_2 \\ t_3 \end{pmatrix} = \begin{pmatrix} \sigma_{11} & \sigma_{12} & \sigma_{13} \\ \sigma_{21} & \sigma_{22} & \sigma_{23} \\ \sigma_{31} & \sigma_{32} & \sigma_{33} \end{pmatrix} \begin{pmatrix} n_1 \\ n_2 \\ n_3 \end{pmatrix} \tag{7.3}$$

となる。図7.2（a）に示すように物体内部の点Xを含み，e_1 を外向き単位法線ベクトルとする断面（x_1 面と呼ぶ）に働く表面力ベクトルを t_I とすると，e_1 の成分は $(1, 0, 0)^T$ であることから[†]，表面力ベクトル t_I の成分は $(\sigma_{11},$

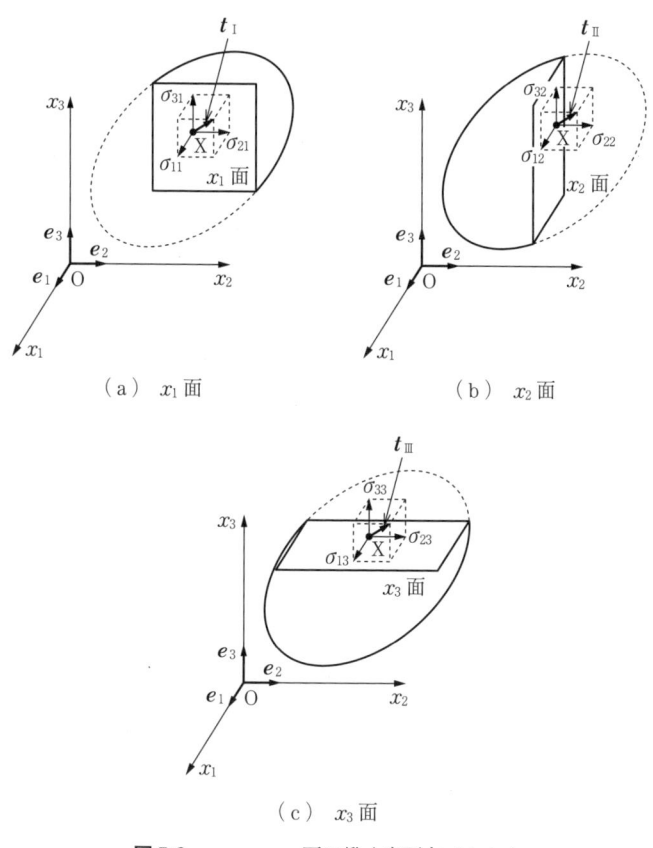

（a） x_1 面

（b） x_2 面

（c） x_3 面

図7.2　x_1, x_2, x_3 面に働く表面力ベクトル

[†] 通常，数ベクトルは縦に成分を並べるため，転置記号 T を付けている。

σ_{21}, σ_{31})^T となる。同様に，x_2 面に働く表面力ベクトル $\bm{t}_{\mathrm{II}}$ の成分は，(σ_{12}, σ_{22}, σ_{32})^T，x_3 面に働く表面力ベクトル $\bm{t}_{\mathrm{III}}$ の成分は (σ_{13}, σ_{23}, σ_{33})^T となる（図 7.2（b），（c）参照）。すなわち，応力テンソルの表現行列 $[\bm{\sigma}]$ の成分 σ_{ij} の意味は，x_j 面に作用する表面力ベクトル（引張りを正）の i 成分となる。なお，σ_{11}，σ_{22}，σ_{33}，を**垂直応力**（normal stress），σ_{21}，σ_{31}，σ_{12}，σ_{32}，σ_{13}，σ_{23} を**せん断応力**（shear stress）と呼ぶ。

応力テンソルとは，3章での1次元の棒の引張りであれば引張り力であるように，3次元空間の物体に働く力によって規定される。応力テンソルを規定さえすれば，物体の任意の面に作用する表面力ベクトルを求めることができるのである。

さて，三軸試験機† により供試体に与えられる外力を応力テンソルでどのように表現するかを考える。**図 7.3** に示すように，三軸試験機は円柱形の三軸供試体に対し鉛直方向には軸応力を，水平方向には水圧を側応力として与える。ただし，ここからは圧縮を正とし，供試体の表面に働く応力に注目する。

図 7.3 三軸供試体に作用する応力ベクトル

$\sigma_{22} = \sigma_{33}$
$\sigma_{11} = \sigma_1$
$\sigma_{22} = \sigma_2$
$\sigma_{33} = \sigma_3$
$\sigma_{21} = \sigma_{31} = \sigma_{12} = \sigma_{32}$
$= \sigma_{13} = \sigma_{23} = 0$

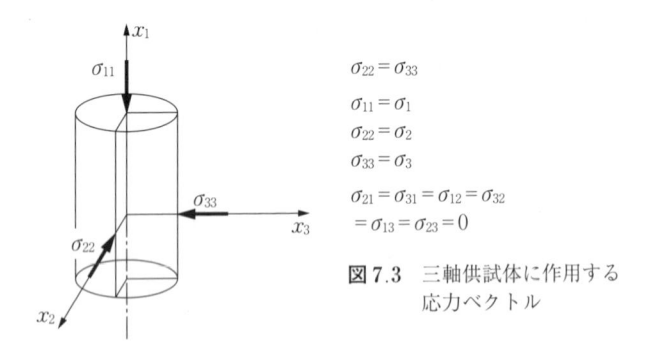

図に示したように座標軸をとると，応力テンソルの表現行列は $(1,1)$ 成分，$(2,2)$ 成分，$(3,3)$ 成分のみで，側応力は水圧なので $(2,2)$ 成分と $(3,3)$ 成分は等しくなる。面を規定する外向き単位法線ベクトルと，その面に作用する表面力ベクトルが同じ方向を有している場合，すなわち垂直応力のみが作用し，せ

---

† 模式図を図 8.1 に示す。

ん断応力が作用しないとき,その面のことを主応力面,そのときの応力を主応力と呼ぶ。三軸供試体では,先に述べたように座標系をとると,σ_{11}, σ_{22}, σ_{33} は主応力となり,規定した座標軸は応力テンソルの主軸となる。すなわち三軸試験機は,三軸供試体に主応力を外力として与えることになる。軸応力を最大主応力 σ_1,側応力を最小主応力 σ_3 とすると,応力テンソルの表現行列は以下のように書くことができる。

$$[\sigma] = \begin{pmatrix} \sigma_1 & 0 & 0 \\ 0 & \sigma_3 & 0 \\ 0 & 0 & \sigma_3 \end{pmatrix} \tag{7.4}$$

7.1.2 有効応力の原理の表現

三軸試験において,土供試体に上記の外力,すなわち軸応力として最大主応力 σ_1,側応力として最小主応力 σ_3 が与えられた場合を考える。静水圧を無視すると[†],土供試体内部には等方応力として過剰間隙水圧 u_e が発生し,軸応力方向,側応力方向の有効応力をそれぞれ σ'_1, σ'_3 とすると,I を単位行列として有効応力の原理は以下の式で表される。

$$[\sigma] = \begin{pmatrix} \sigma_1 & 0 & 0 \\ 0 & \sigma_3 & 0 \\ 0 & 0 & \sigma_3 \end{pmatrix} = \begin{pmatrix} \sigma'_1 & 0 & 0 \\ 0 & \sigma'_3 & 0 \\ 0 & 0 & \sigma'_3 \end{pmatrix} + \begin{pmatrix} u_e & 0 & 0 \\ 0 & u_e & 0 \\ 0 & 0 & u_e \end{pmatrix} = [\sigma'] + u_e[I] \tag{7.5}$$

7.1.3 応力パラメータ ― 平均有効応力と軸差応力

飽和した土(地盤材料)は,土骨格とその間隙が水で満たされた二相混合体として理想化される。そのため,拘束圧を増加させることによって土が圧縮する(間隙水が外部へ出る)と,その後のせん断挙動は,低い拘束圧が与えられた土のせん断挙動と大きく異なる。このように,拘束圧によって(圧縮することによって)同じ土でもせん断挙動が変化するという特徴は,他の材料には見られない土の大きな特徴である。したがって,土のせん断挙動を整理する上で

[†] 通常,三軸試験機にセットされた土供試体については自重の影響を無視する。

拘束圧の影響を無視することはできず，この拘束圧を表現する応力パラメータとして次式の**平均有効応力**（mean effective stress）p' が採用され

$$p' = \frac{1}{3}(\sigma_1' + 2\sigma_3') \tag{7.6}$$

と表される。三つの主有効応力の平均をとっているこのパラメータは，有効応力テンソルの第1不変量[†]に対応する。

せん断に関する応力パラメータとして，土の場合，次式の**軸差応力**（deviator stress）q' が採用される。

$$q' = \sigma_1' - \sigma_3' \tag{7.7}$$

最大主有効応力から最小主有効応力を引いた値であるが，正確には，**偏差応力テンソル**（deviator stress tensor）の第2不変量に対応する（7.3節を参照）。

ここで，p' と p，q' と q の有効応力と全応力の関係を整理する。式 (7.5) にも示したように，$\sigma_1' = \sigma_1 - u_e$，$\sigma_3' = \sigma_3 - u_e$ であることから，それぞれ以下の式で示される。

$$p' = \frac{1}{3}\{(\sigma_1 - u_e) + 2(\sigma_3 - u_e)\} = \frac{1}{3}(\sigma_1 + 2\sigma_3) - u_e = p - u_e \tag{7.8}$$

$$q' = (\sigma_1 - u_e) - (\sigma_3 - u_e) = \sigma_1 - \sigma_3 = q \tag{7.9}$$

式 (7.9) より，通常，軸差応力の有効応力表示は q が使われる。また過剰間隙水圧は，軸差応力（せん断）に対してなんら影響を与えない。この関係は，特に9章で有効応力経路を描くときに再度確認する。

7.2 ひずみテンソルとひずみパラメータ —— 体積ひずみとせん断ひずみの定義

7.2.1 体積圧縮率（体積ひずみ）

外力が作用すると，物体は運動を始める。ここでは微小変形理論に基づいて，運動のうち，変形について考察する。運動が起こる直前の変形前の物体に

[†] 座標系を変えても変化しないスカラー量のことを不変量という。2階のテンソルを $\boldsymbol{A}$ とすると，第1不変量は $\mathrm{tr}\,\boldsymbol{A}$，第2不変量は $(1/2) \times \{(\mathrm{tr}\,\boldsymbol{A})^2 - \mathrm{tr}\,\boldsymbol{A}^2\}$，第3不変量は $\det \boldsymbol{A}$ で表される。

7.2 ひずみテンソルとひずみパラメータ — 体積ひずみとせん断ひずみの定義

張り付いたある方向の微小線素ベクトルを dX, 変形後の微小線素ベクトルを dx とする[†]。3次元空間に置かれた物体に対し，たがいに直交する三つの特殊な方向の微小線素ベクトルを dX_1, dX_2, dX_3 とすると，次式に示すように，変形後の微小線素ベクトル dx の方向が変形前の微小線素ベクトル dX の方向と同じで，長さだけが異なるような dx を見つけることができる。

$$\left. \begin{array}{l} dx_1 = (1+\varepsilon_1)dX_1 \\ dx_2 = (1+\varepsilon_2)dX_2 \\ dx_3 = (1+\varepsilon_3)dX_3 \end{array} \right\} \quad (7.10)$$

ここで，$\varepsilon_i > 0$ ($i=1,2,3$) の場合は，微小線素ベクトルが伸びており，$\varepsilon_i < 0$ では縮んでいることになる。例として，図7.4に示す2次元空間での微小正方形物体の**単純せん断**（pure shear）を考えてみる。変形前の物体の対角線 OB と CA に張り付いた微小線素ベクトルをそれぞれ dX_1, dX_2 とする。変形後の剛体回転を除いた純粋変形（伸び）に注目すると，微小線素ベクトル dx_1,

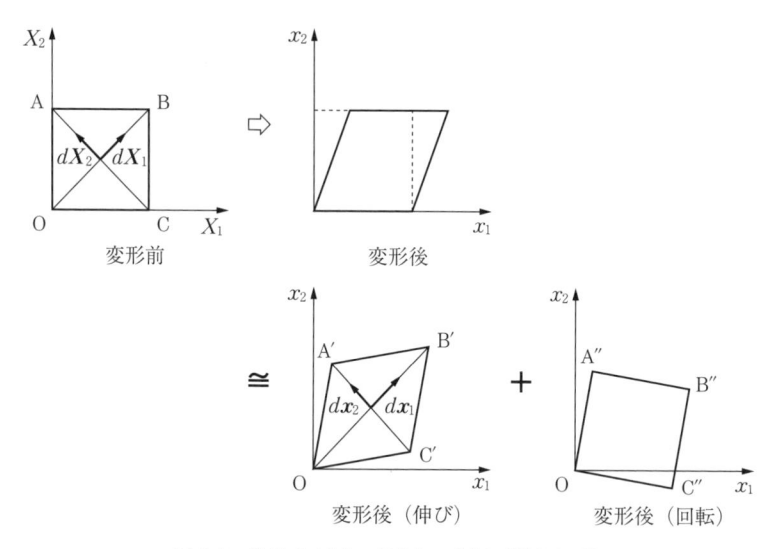

図7.4 単純せん断の変形後の分解（微小変形）

[†] 3.2節と同様に，変形前の時刻 $t=0$ での座標を表すのに大文字 X を，時刻 $t=t$ での座標を表すのに小文字 x を用いる。

$d\boldsymbol{x}_2$ は方向を変えず，しかし dX_1 は伸び，dX_2 は縮んでいる[†1]。この特殊な方向を主ひずみ方向[†2] といい，ε_i を主ひずみという。式 (7.10) を変形すると，1 次元変形でよく知られたひずみの定義となる。例えば

$$\varepsilon_1 = \frac{d\boldsymbol{x}_1 - dX_1}{dX_1} \tag{7.11}$$

などである。3 次元でのひずみの表現は，主ひずみ方向に限り，元の長さに対するのびの長さとなっている。

式 (7.10) から微小線素の大きさは，例えば

$$|d\boldsymbol{x}_1| = (1+\varepsilon_1)|dX_1| \tag{7.12}$$

で表されるので，図 7.5 に示すように，変形前の微小体積 $dV\,(=|dX_1|\cdot|dX_2|\cdot|dX_3|)$ と変形後の微小体積 $dv\,(=|d\boldsymbol{x}_1|\cdot|d\boldsymbol{x}_2|\cdot|d\boldsymbol{x}_3|)$ から，体積膨張率を得る。

$$\frac{dv - dV}{dV} \fallingdotseq \varepsilon_1 + \varepsilon_2 + \varepsilon_3 \tag{7.13}$$

ここでは引張りを正，すなわち dX が伸びるとき，$\varepsilon_i > 0$ としている。縮むときに $\varepsilon_i > 0$ と定義すれば，体積圧縮率を得る。

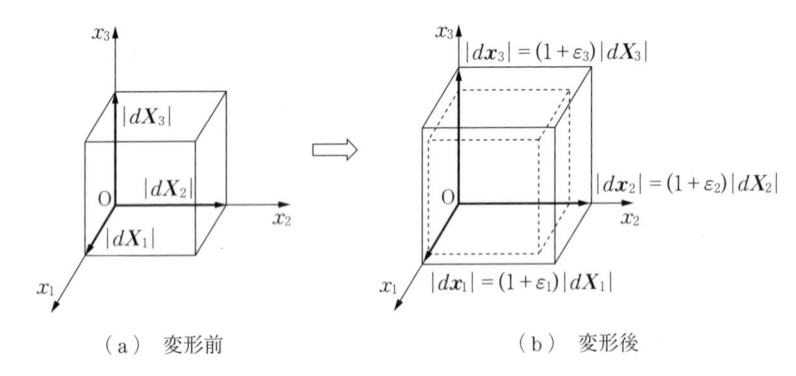

（a）変形前　　　　　　　　（b）変形後

図 7.5　変形前後の微小体積

[†1] 変形勾配テンソル F (3.2.1 項の脚注を参照) は，通常，極分解定理により $F = RU = VR$ と表される。ここで R は直交テンソル，U, V は正定値対称テンソルである。しかし，微小ひずみ解析において F は対称テンソルと反対称テンソルの和で表され，それぞれ純粋変形，剛体回転を示す。

[†2] 特殊な方向とは，対称テンソル（純粋変形）の主軸のことである。

7.2 ひずみテンソルとひずみパラメータ ― 体積ひずみとせん断ひずみの定義

$$-\frac{dv-dV}{dV} = \frac{dV-dv}{dV} \fallingdotseq \varepsilon_1+\varepsilon_2+\varepsilon_3 \quad (7.14)$$

地盤力学では体積圧縮率を

$$\varepsilon_v = \varepsilon_1+\varepsilon_2+\varepsilon_3 \quad (7.15)$$

と書いて，体積（圧縮）ひずみと呼んでいる[†]。**図7.6**の土の示相モデルを参考にしながら，体積ひずみに対し間隙比 e を使って表すと

$$\varepsilon_v = \frac{dV-dv}{dV} = \frac{e-e_0}{1+e_0} \quad (7.16)$$

となり，体積ひずみ ε_v と変形後（圧縮後）の間隙比には一意な関係がある。地盤力学では体積ひずみの代わりに現在の間隙比や後述する比体積で整理することが多い。

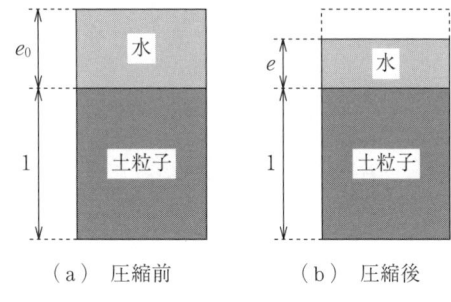

図7.6 体積（圧縮）ひずみと間隙比

7.2.2 ひずみテンソルとひずみパラメータ ― 体積ひずみとせん断ひずみ

物体の変形を記述するため，応力テンソルと同様にひずみテンソルを定義する。3章でも示したように，ひずみの基準を変形前にとるか，変形後にとるかなど，ひずみにはさまざまな定義がある。ここでも，微小変形を仮定して**微小ひずみテンソル**（infinitesimal strain）を取り上げ，ひずみパラメータを定義する。

一般の座標系において微小ひずみテンソルの表現行列は以下のようになる。

$$[\varepsilon] = \begin{pmatrix} \varepsilon_{11} & \varepsilon_{12} & \varepsilon_{13} \\ \varepsilon_{21} & \varepsilon_{22} & \varepsilon_{23} \\ \varepsilon_{31} & \varepsilon_{32} & \varepsilon_{33} \end{pmatrix} \quad (7.17)$$

なお，微小ひずみテンソルは対称テンソルである。一般の座標系から特殊な座標系，すなわち7.2.1項で示した主ひずみ方向を座標軸とする直交座標系で式

[†] 変形が十分に小さい微小ひずみ解析の場合に定義される。変形が大きいときの体積ひずみの表現を知るには，有限変形理論を学ぶ必要がある。

(7.17) の微小ひずみテンソルを表現すると，以下のように対角化され，対角成分に主ひずみが連なる．

$$[\varepsilon] = \begin{pmatrix} \varepsilon_1 & 0 & 0 \\ 0 & \varepsilon_2 & 0 \\ 0 & 0 & \varepsilon_3 \end{pmatrix} \qquad (7.18)$$

三軸試験におけるひずみテンソルは式 (7.18) において $\varepsilon_2 = \varepsilon_3$ となる．以下，三軸試験での体積ひずみ ε_v とせん断ひずみ ε_s を定義する．体積ひずみは 7.2.1 項で示したように

$$\varepsilon_v = \varepsilon_1 + 2\varepsilon_3 \qquad (7.19)$$

で表される．せん断ひずみは

$$\varepsilon_s = \frac{2}{3}(\varepsilon_1 - \varepsilon_3) \qquad (7.20)$$

である[†]．体積ひずみは微小ひずみテンソルの第 1 不変量に対応し，せん断ひずみは，**偏差ひずみテンソル**（deviator strain tensor）の第 2 不変量に基づいて得られる（7.3 節を参照）．

三軸圧縮試験の実験結果を整理する際は，せん断ひずみの代わりに ε_1 が用いられる．一方，体積ひずみについては比体積がよく使われる．その理由はつぎの試験結果に基づいて説明される．**図 7.7** は鉄球の詰め方を変えた単純せん断試験を，すべての試験で鉛直荷重 F_a を等しく一定にして行った結果である[1]．緩詰めから密詰めの順に試験番号は 1，2，3，4，5 となっている．

図 7.7 で図（a）は変位に対する体積ひずみを，図（b）は比体積を示している．図（a）より，緩詰め供試体は体積圧縮を示し，密詰めになるに従って体積膨張量が大きくなることがわかる．しかし同じ試験結果を比体積で整理してみると，初期の比体積は違っているが，変位が十分に生じた試験終了時点の比体積はどの試験でもほぼ等しくなっている．

この試験結果は 9 章でも述べるが，破壊時の応力状態に対し，そのときの比体積は一意に決まることを示唆している．地盤材料は，材料は同じでも初期の

[†] 式 (7.20) において係数が 2/3 となる理由は，演習問題〔7.4〕で取り上げる．

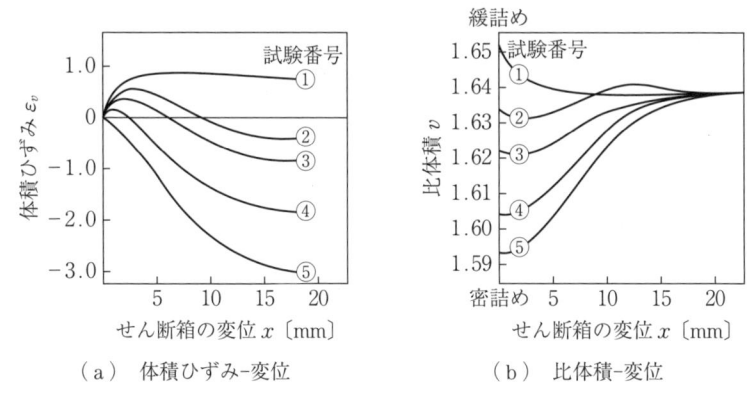

図 7.7 単純せん断試験結果（体積ひずみと比体積の整理の比較）
(Roscoe, Schofield and Wroth (1958)[1] を参考に作図)

比体積など状態が違うと，まるで違う材料のように振る舞う．異なる初期状態を体積ひずみで表すとどれも 0 としてしまうのに対し，比体積ではその状態の違いを表現することができるのである．

7.3 テンソル成分表記による応力パラメータ，ひずみパラメータの定義

地盤材料の力学挙動を表現する応力パラメータおよびひずみパラメータは，式 (7.6), (7.7) および式 (7.19), (7.20) で表されることを学んだ．ここでは，テンソル成分表記により，応力パラメータおよびひずみパラメータの定義を示す．

〔1〕 **応力パラメータ** 平均有効応力 p' は，有効応力テンソル σ'_{ij} の第 1 不変量に対応し

$$p' = \frac{1}{3}\sigma'_{ij}\delta_{ij} \tag{7.21}$$

で定義される．ここでは，数式の表記法として**総和規約**（summation convention）と**クロネッカーのデルタ**（Kronecker delta）δ_{ij} を用いている．

軸差応力 q は以下の式で定義される．

$$q = \sqrt{\frac{3}{2}S_{ij}S_{ij}} \tag{7.22}$$

ここに偏差応力テンソル S_{ij} は

$$S_{ij} = \sigma'_{ij} - \frac{1}{3}\sigma'_{kk}\delta_{ij} = \sigma'_{ij} - p'\delta_{ij} \tag{7.23}$$

で表される。軸差応力は，偏差応力テンソルの第 2 不変量 J_2 に関して $\sqrt{3J_2}$ で表される。

〔2〕 **ひずみパラメータ** 応力パラメータと対応した定義となるが，係数が異なることに注意が必要である。体積ひずみ ε_v はひずみテンソルの第 1 不変量である。

$$\varepsilon_v = \varepsilon_{ij}\delta_{ij} \tag{7.24}$$

せん断ひずみ ε_s は，偏差ひずみテンソル e_{ij} を用いて次式で定義される。

$$\varepsilon_s = \sqrt{\frac{2}{3}e_{ij}e_{ij}} \tag{7.25}$$

ここに，偏差ひずみテンソル e_{ij} は

$$e_{ij} = \varepsilon_{ij} - \frac{1}{3}\varepsilon_{kk}\delta_{ij} = \varepsilon_{ij} - \frac{1}{3}\varepsilon_v\delta_{ij} \tag{7.26}$$

である。せん断ひずみは偏差ひずみテンソルの第 2 不変量に対応する。

演 習 問 題

〔**7.1**〕 応力パラメータの定義の式 (7.21), (7.22) から，三軸条件を仮定して式 (7.6), (7.7) を導け。

〔**7.2**〕 ひずみパラメータの定義の式 (7.24), (7.25) から，三軸条件を仮定して式 (7.19), (7.20) を導け。

〔**7.3**〕 応力テンソルが式 (7.27) のように与えられたとき，三つの主応力と主軸（主応力面の単位法線ベクトル）を求めよ。さらに，$\boldsymbol{n}^T = (1/2, \sqrt{3}/2, 0)$ を外向き単位法線ベクトルとする面に作用する表面力ベクトル $\boldsymbol{t}$ を求めよ。

$$\begin{pmatrix} 3 & 1 & 1 \\ 1 & 0 & 2 \\ 1 & 2 & 0 \end{pmatrix} \tag{7.27}$$

〔**7.4**〕 式 (7.20) において係数が 2/3 となる理由を，塑性力学における塑性仕事率や法線則を手がかりに調べよ。

8章 p'-q-v 空間における地盤材料の圧縮挙動の記述

◆ 本章のテーマ

　地盤材料の変形挙動を3次元変形に拡張して一般的な構成関係を構築する際，標準圧密試験と並んで重要となるもう一つの基礎的な圧縮試験として等方圧密試験を取り上げる。そして，7章で定義した平均有効応力 p'，軸差応力 q および比体積 v を三つの軸とした p'-q-v 空間で，練返し粘土を対象とした等方圧密試験結果を整理する。また，1次元圧密試験結果も p'-q-v 空間で整理し，二つの圧密試験結果を比較して状態境界面の存在を考察する。本章の圧縮挙動，そして9章のせん断変形挙動を p'-q-v 空間で整理することにより，いままでは別々に学んでいた圧縮挙動とせん断変形挙動を統一的に考察することができる。

◆ 本章の構成（キーワード）

8.1 飽和粘土の等方圧縮
　　　等方圧密，硬化，不可能領域，可能領域
8.2 正規圧密粘土と過圧密粘土
　　　正規圧密土，正規圧密線，過圧密土，膨潤線，過圧密比
8.3 1次元圧縮と等方圧縮の比較
　　　状態境界面，ダイレイタンシー

◆ 本章を学ぶと以下の内容をマスターできます

☞ 等方圧密試験結果（等方圧縮線）の特徴
☞ 銅の棒の引張試験と過圧密土の1次元圧縮試験の類似点
☞ 1次元圧縮と等方圧縮の類似点・相違点

8. p'-q-v 空間における地盤材料の圧縮挙動の記述

8.1 飽和粘土の等方圧縮

8.1.1 等方圧密試験の意義

外力が作用することによって地盤がどのように変形するのかを数値解析などで予測する際，地盤材料の構成関係が必要となる．構成関係とは，7章で示した有効応力テンソルとひずみテンソルの関係などのことである[†]．4.4節で示した1次元圧縮においては，構成関係は有効応力テンソルとひずみテンソルでなく，スカラーで表された有効応力と体積ひずみ（または比体積 v）の関係として与えられた．4.4節で示した1次元圧縮では，正規圧密状態での載荷において，主有効応力の間に $\sigma'_2 = \sigma'_3 = K_0 \sigma'_1$（$K_0 = 0.5 \sim 0.7$）なる関係が成り立つと仮定することができる．したがって，直交座標系の x 軸を載荷方向にとれば，有効応力テンソルの表現行列は

$$[\sigma'] = \begin{pmatrix} \sigma'_1 & 0 & 0 \\ 0 & K_0 \sigma'_1 & 0 \\ 0 & 0 & K_0 \sigma'_1 \end{pmatrix} \tag{8.1}$$

となる．そして，鉛直有効応力 σ'_v（ここでは σ'_1）を変化させて比体積 v との関係を得た．しかし1次元条件下での特殊な実験であるため，この実験での圧縮挙動から構成関係をモデル化するよりは，一般的な応力条件下で実施された実験での挙動を基に構成関係を構築し，その一般的なモデルに1次元圧縮条件を課すことにより4.4節で示した実験事実を説明することが望ましい．一般的なモデルを作る上でより基礎的な圧縮挙動は，$\sigma'_1 = \sigma'_2 = \sigma'_3 = p'$，すなわち

$$[\sigma'] = \begin{pmatrix} p' & 0 & 0 \\ 0 & p' & 0 \\ 0 & 0 & p' \end{pmatrix} = p'[I] \tag{8.2}$$

（I は単位行列）の応力条件下の，応力と体積ひずみ ε_v（または比体積 v）の関係を明らかにすることである．このような圧縮を**等方圧縮**（isotropic compression）と

[†] 土は非線形材料であるため，構成関係は応力増分テンソルとひずみ増分テンソルの関係を調べることになる（9章を参照）．

8.1 飽和粘土の等方圧縮

呼ぶ。

　等方圧密試験は，**図 8.1** に示す三軸試験機[1]を用いて行われる。日本工業規格（Japanese Industrial Standards, JIS）や地盤工学会による試験方法の基準はなく，地盤工学会基準の「土の圧密非排水三軸圧縮試験方法」か「土の圧密排水三軸圧縮試験方法」（学会基準 JGS 0522-2009 〜 0524-2009[2]）における等方圧密過程に準拠して実施される。土供試体は，十分に練り返して作製した円柱形で，標準的な寸法は直径 35 mm，高さ 80 mm，あるいは直径 50 mm，高さ 100 mm であり，供試体寸法は直径の 2 倍くらいの高さとする。土供試体を三軸圧縮室にセットし，まわりを水で満たす。この水は，水圧による土供試体側面への載荷のための水であり，セル水と呼ぶ。土供試体内の間隙水とセル水を分けるため，土供試体まわりをゴムスリーブで覆う。等方圧密試験は，キャップと載荷ピストンを非固定にして，セル水の水圧を上げることにより，等方圧縮応力条件を実現している[†]。供試体内の間隙水は，排水パイプを通じて二重管ビューレット内の水まで連続している。等分圧密による体積変化は二

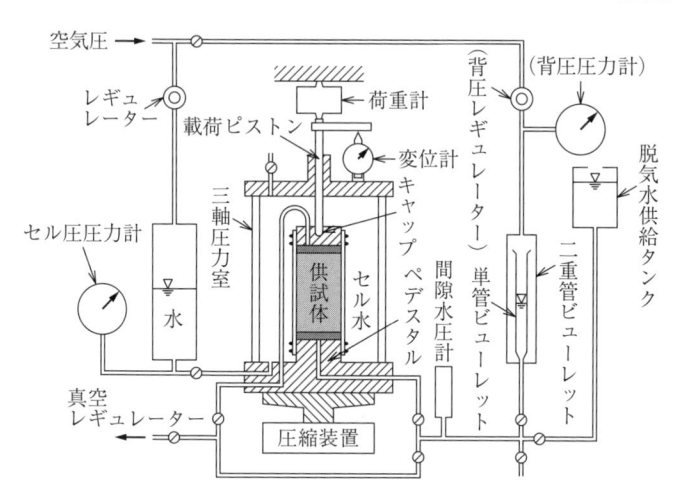

図 8.1 三軸試験機（引用・参考文献 1）を一部修正）

[†] 試験機によってはキャップと載荷ピストンが固定されている場合もある。その場合は，セル圧に相当する軸圧を載荷装置により与えることになる。

重管ビューレットの水位の変化から求めることができる。

等方圧密試験では，4.4節の1次元圧密試験と同様に，段階的に等方応力を載荷し，圧密終了時の体積変化から比体積 v を計測して p'-v 関係を求めることになる。図8.2は，等分圧密終了時の土供試体の有効応力とひずみを表す。

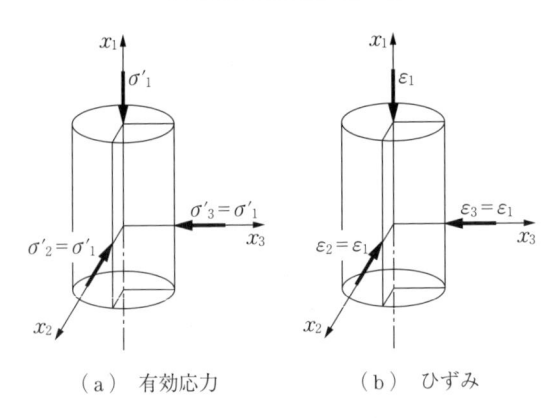

図8.2 等方圧密終了時の有効応力とひずみ

(a) 有効応力　(b) ひずみ

8.1.2　典型的な試験結果とその整理法

図8.3に練返し粘土を対象とする典型的な等方圧密試験結果を示す[3]。縦軸に比体積 v，横軸に平均有効応力 p' をとる。4.4節の1次元圧密試験結果では横軸に鉛直有効応力 σ'_v をとっている点に注意が必要である。図8.3の特徴を整理すると，1次元圧密試験結果と同じく以下のようになる。

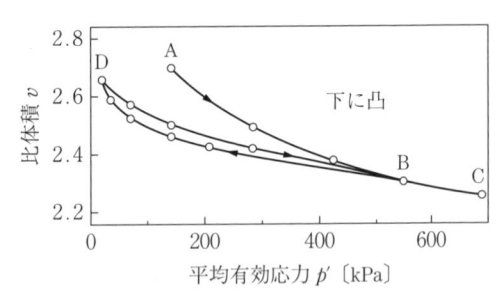

図8.3 等方圧密での圧縮曲線
（Amerasinghe(1973)[3]を参考に作図）

① p'-v 関係は下に凸の曲線を描く。
② すなわち，荷重が増えるにつれて土供試体は比体積が小さくなり，硬くなる。
③ 無負荷状態 $p' = 0$ kPa は，地盤力学において明確に定義できない。
④ 載荷と除荷で異なる経路を描くが，再載荷は除荷とほぼ同じ経路となる。

8.1.3　等方圧密における圧縮線のモデル化

図 8.4 は平均有効応力の対数をとり，図 8.3 を描き直したグラフである[4]。経路 ABC は直線でモデル化でき，したがって経路 AB は以下の式となる。

$$v = N - \lambda \ln p' \tag{8.3}$$

また経路 BD も直線でモデル化される。

$$v = v_\kappa - \kappa \ln p' \tag{8.4}$$

点 D から点 B への経路も式 (8.4) を用いる。

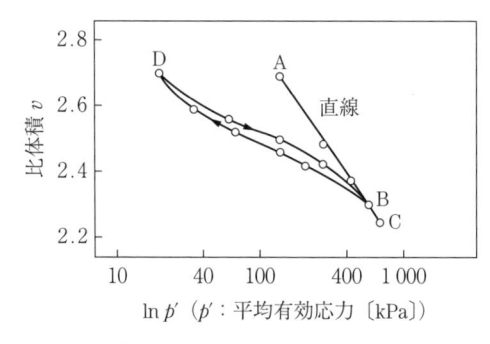

図 8.4　等方圧密の圧縮曲線 v-$\ln p'$
（Atkinson, J. H. and Bransby, P. L., (1978)[4] を参考に作図）

図 8.5　等方圧縮のモデル化

図 8.5 を用いて，式 (8.3), (8.4) での重要項目および仮定を整理する。

① 直線 AB は土に固有である。N は $p'=1$ に対する v 値であり，p' の単位に注意が必要である。たとえば p' の単位が kN/m^2 の場合，N は $p'=1\,kN/m^2$ に対する v の値となり，p' の単位が kgf/cm^2 の場合は $p'=1\,kgf/cm^2$ に対する v の値となる。N も λ も土によって決まる土質定数である。

② 直線 BD は，除荷時の p' によって何本も平行な線が描け，v-$\ln p'$ 図での直線 AB の下側全域を埋めつくす。したがって v_κ は土質定数ではない。

③ 式 (8.3) は，経路 AB 上を p' が増え，v が減少するときのみ，すなわち負荷状態でのみ有効となる。除荷すると同じ経路にはならない[†]。

④ 式 (8.4) は，経路 BD でも DB でも用いることとする。

[†] 非可逆という。非可逆を式で表すと，$dv = -\lambda dp'/p'$ $(dp'>0)$ となる。

4章でも示したように，③は弾塑性変形の特徴であり，④は弾性変形の特徴である。

8.1.4 銅の棒の引張試験との比較

ここで話題を少し変えて，銅の棒の引張試験を考察する。

図8.6は銅の棒を点Bまで引っ張り，その後点Dまで除荷した後，点Cまで再載荷した実験結果を近似したものである。経路OAは弾性変形を示し，点Aは**降伏点**（yield point）と呼ばれ，経路ABは弾塑性変形を示す。点Bで除荷すると経路OAとほとんど平行な経路BDをたどり，決して点Aに戻ることはない。ODは非可逆な変形，すなわち塑性変形を示す。さらに再載荷すると経路BDと同じ経路をたどる。経路BDは可逆変形であり弾性変形の特徴を示す。今度は点Bが降伏点となり，その後は弾塑性変形を示し点Cまで達する。降伏点AとBに注目すると，塑性変形ODが生じたことにより降伏点が上昇している。この降伏点の上昇を**硬化**（hardening）と呼ぶ。経路OABCは銅の材質が決まれば決まってしまい，その上側に状態をとることができない。このため，直線ABの上側は不可能領域，下側は可能領域となる。図8.6のABCDの記号は図8.5の記号に対応する。

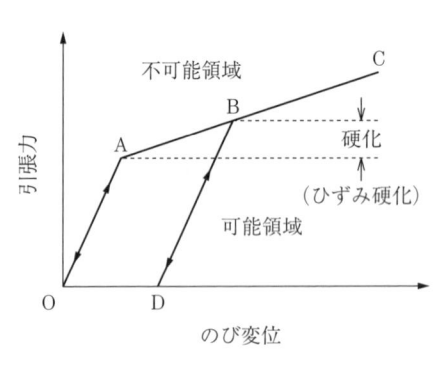

図8.6 銅の棒の引張試験

8.2 正規圧密粘土と過圧密粘土

図8.6の銅の棒の引張試験を参考に，図8.5に再び注目する。4章でも述べたように，土固有の直線ABCの上側は土が状態をとることができない不可能領域であり，下側は可能領域である。したがって，直線ABCは可能領域と不

土が直線 ABC にその状態をとる場合，その土は正規圧密土と定義され，直線 ABC は**正規圧密線**[†]（normal consolidation line, **NCL**）と呼ばれる。除荷により直線 ABC の下側に状態をとる土は過圧密土と定義され，また直線 BD は**膨潤線**（swelling line）と呼ばれる。一般的な等方除荷過程を図 8.7 に示す。過去に受けた最大の有効応力（ここでは等方応力 p'_{max}）に対する現在の有効応力 $p'_{current}$ の比を**過圧密比**（overconsolidation ratio, **OCR**）と定義する。

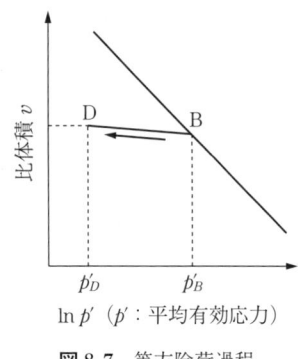

図 8.7　等方除荷過程

$$OCR = \frac{p'_{max}}{p'_{current}} \tag{8.5}$$

図 8.7 において，点 B から点 D へ除荷を受けた土にとって p'_B は過去に受けた最大の等方有効応力であり，現在の等方有効応力が p'_D であることから，応力点 D での過圧密比は p'_B/p'_D となる。

8.3　1 次元圧縮と等方圧縮の比較

1 次元圧縮と等方圧縮の試験結果を比較するため，図 4.13 と図 8.4 に再び注目する。

1 次元圧縮では，直線 ABC での応力比 $\sigma'_h/\sigma'_v = \sigma'_3/\sigma'_1 = K_0$ が一定とすると

$$p' = \frac{1}{3}(\sigma'_v + 2\sigma'_h) = \frac{1}{3}(1 + 2K_0)\sigma'_v \tag{8.6}$$

となり，K_0 を確定できれば，σ'_v 座標を p' 座標に移すことができる。**図 8.8** は

[†] 正規圧密線という命名は誤解が生じやすい。理由として，等方圧密試験における正規圧密状態の圧縮線であることや標準圧密試験における正規圧密状態の圧縮線との区別が難しくなることが挙げられる。ちなみに，後者の圧縮線はかつて**処女圧縮曲線**（virgin compression line）とも表現されていた。

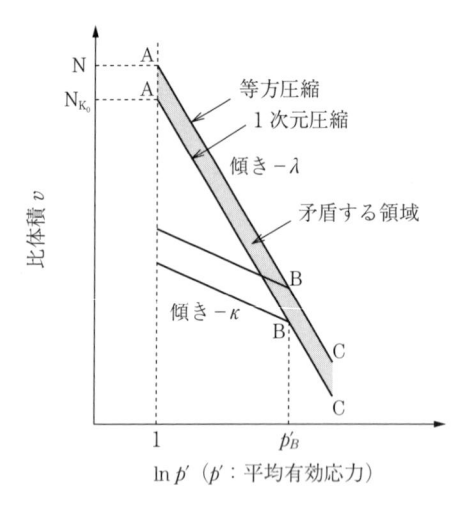

図 8.8 1次元圧密と等方圧密の圧縮線の比較
(Atkinson, J. H. and Bransby, P. L., (1978)[4]) を参考に作図)

v-$\ln p'$ 図で1次元圧密と等方圧縮の試験結果を重ねた図である[4]。p' が等しくても1次元圧密の比体積 v のほうが小さくなる。すなわち，直線 ABC は等方圧縮試験よりも1次元圧密試験のほうが下側にくる。また，両試験の傾きは $-\lambda$ で共通となる。なお式 (4.32) は，σ'_v を p' に置き換えると v_λ の値も変わり，それを N_{K_0} とすると

$$v = N_{K_0} - \lambda \ln p' \quad (8.7)$$

となる。

1次元圧密試験と等方圧密試験の圧縮線を v-$\ln p'$ 図で重ねると，同じ p' であっても1次元圧密試験での比体積 v のほうが小さくなる。この理由は，1次元圧密試験はせん断応力を伴う圧密であり，p' による体積圧縮だけでなく，せん断応力による体積圧縮も起こっているためである。せん断による体積変化は**ダイレイタンシー**（dilatancy）と呼ばれる。

さらに注目すべきことは，4章で示したように1次元圧密の直線 ABC もまた可能領域と不可能領域の境界線となるため，図 8.8 の2本の直線 ABC に挟まれた空間は，1次元圧密では不可能領域であり，等方圧密では可能領域となる。この矛盾は，新たな応力軸として軸差応力 q を v-p' 図に導入することにより解決することができる。それぞれ

1次元圧密試験： $q = \dfrac{3(1-K_0)}{1+2K_0} p'$

等方圧密試験： $q = 0$

となり，両試験の経路は**図 8.9** に示すように p'-q-v 空間でそれぞれ曲線となる。また両試験の経路は，p'-q 図に注目すると，ともに応力比 q/p' が一定の

8.3 1次元圧縮と等方圧縮の比較

試験となっている。すなわち1次元圧密試験での圧縮線は，K_0 値が一定であることから，応力比一定の直線となる。等方圧密試験での圧縮線は，応力比 q/p' が0で一定の直線である（$K_0=1$ の直線とみなしてもよい）。この3次元空間における v-p' 平面上への射影で，p' の対数をとったグラフが図8.8となる。1次元圧縮の ABC 線と等方圧縮の ABC 線を含む面が p'-q-v 空間上に存在し，その曲面をその外部には土が状

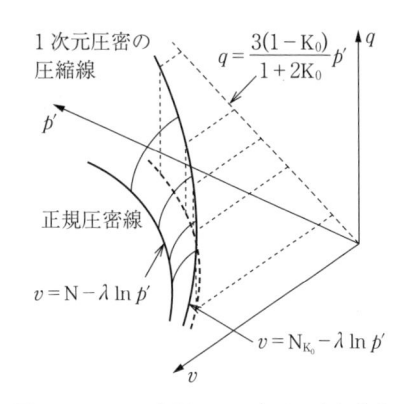

図8.9 p'-q-v 空間での1次元圧密と等方圧密の圧縮線の比較
(Atkinson, J. H. and Bransby, P. L.,(1978)[4])を参考に作図）

態をとることができない状態境界面とすることにより，先の矛盾が解消されることになる。状態境界面の詳細は9章で述べるが，1次元圧縮での直線 ABC 上にその状態をおく土もまた正規圧密土であることから，この状態境界面上に状態をおく土が正規圧密土と定義される。正規圧密土が除荷を受けると，状態境界面の内部（可能領域）に状態をとることになり，その土は過圧密土となる。

1次元圧縮と等方圧縮の比較から

① 土の状態は q-p'-v の三つの変数で表すのがよりよいこと

図8.9から，正規圧密粘土では

② p' が同じでも $q=0$ より $q>0$ のときのほうが比体積 v は小さくなり，また q が大きいほど v は小さくなること

しかも

③ $\ln p'$ の増加量に対する v の減少量は，応力比 q/p' が一定ならば一定となること

が示された。①，②，③は土の塑性力学の基礎的事項であり，詳しくは9章で学ぶ。

演習問題

〔8.1〕 式 (8.2) の等方応力状態では，あらゆる方向が主軸であることを示せ。

〔8.2〕 図8.3から，点Aの比体積 $v=2.7$，点Bの比体積 $v=2.3$，点Cの比体積 $v=2.25$ が読み取れたとする。

（1） 点Aを体積ひずみの基準としたとき，点B，Cにおける体積ひずみを求めよ。

（2） 平均有効応力 p' が $200\,\mathrm{kN/m^2}$ のときの比体積 v が 2.6 であった。この状態をひずみの基準としたとき，点Bの体積ひずみを求めよ。

（3） 平均有効応力-体積ひずみ関係で圧縮挙動を整理しないほうがよい理由を述べよ。

〔8.3〕 図4.13と図8.4を比較して，正規圧密状態の傾きが同じ $-\lambda$ であること，(式 (4.32), (8.3)) を確かめよ。また K_0 を既知として，式 (4.32) の σ'_v を p' に書き換えよ。

〔8.4〕 p' で等方圧密した後，p' を一定にして q を増加していくと，体積は膨張するか，圧縮するか，変化しないか。理由とともに答えよ。

9章 p'-q-v 空間における地盤材料のせん断変形挙動の記述

◆ 本章のテーマ

十分に練り返した飽和粘土の典型的な四つのせん断変形挙動を三軸圧縮試験結果に基づいて紹介する。せん断方法として圧密非排水試験（consolidated undrained test, $\overline{\text{CU}}$ test）と圧密排水試験（consolidated drained test, CD test），粘土の状態として正規圧密状態と過圧密状態を対象とする。従来，せん断については設計を念頭に安定計算のための設計強度定数が中心に述べられてきた。しかしここでは，粘土のせん断変形挙動そして破壊について，実験結果を中心に紹介する。そして，7章で定義した平均有効応力 p'，軸差応力 q および比体積 v を三つの軸とした p'-q-v 空間において，四つのせん断試験結果を整理する。8章での圧縮挙動も含め，p'-q-v 空間で粘土がどう挙動するかを観察し，状態境界面が存在することを理解する。

◆ 本章の構成（キーワード）

9.1 一面せん断試験による飽和土のせん断特性の把握
    一面せん断試験機，クーロンの破壊基準，粘着力，内部摩擦角，非排水せん断強度，プラントルの解

9.2 三軸圧縮試験による飽和土のせん断変形特性の把握
    三軸圧縮試験機，背圧，排水条件，非排水条件，全応力経路，有効応力経路，限界状態，限界状態線

9.3 飽和粘土の力学挙動の p'-q-v 空間における表現と状態境界面
    等含水比線，状態境界面，ロスコー面，若干過圧密な土，部分排水せん断，モール・クーロンの破壊基準

◆ 本章を学ぶと以下の内容をマスターできます

- ☞ 一面せん断試験による砂，粘土のせん断特性
- ☞ 土のせん断試験機が具備すべき条件
- ☞ 三軸試験による排水・非排水せん断挙動
- ☞ 限界状態にある土の挙動
- ☞ p'-q-v 空間における飽和粘土の力学挙動の表現
- ☞ 状態境界面から見た強度定数の意味

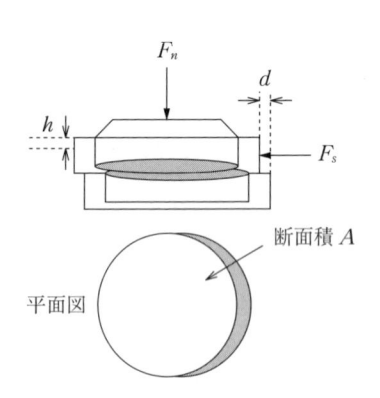

9.1 一面せん断試験による飽和土のせん断特性の把握

9.1.1 一面せん断試験

土のせん断特性の基本事項を学ぶため，一面せん断試験で得られた結果を考察する。図9.1は一面せん断試験機の概要図である。土供試体寸法は直径60 mm，高さ20 mmが基本で，土供試体を二つ割りのせん断箱にセットし，鉛直荷重F_nを加える。その後，せん断下箱を固定して上箱を一定速度でずらし，土供試体にせん断を与える。このとき，上箱をずらすために必要な力，すなわちせん断力F_sを計測する。上箱には水平変位計が設置されていて，ずれ変位dを計測することができ，荷重盤には鉛直変位計が設置されていて，せん断に伴う鉛直変位hを計測することもできる。

図9.1 一面せん断試験機

鉛直荷重F_nを変えると，同じ土でも異なる変形挙動を示す。土供試体として中密な砂を取り上げ，鉛直荷重の大きさF_nを変えて試験を実施した結果を図9.2に示す。図では，供試体断面積をAとし，せん断応力τと鉛直応力σ_nをそれぞれ次式のように定義してせん断変形をτ-d関係で整理し，せん断応力のピークを○，試験終了時の残留状態を△で示している。

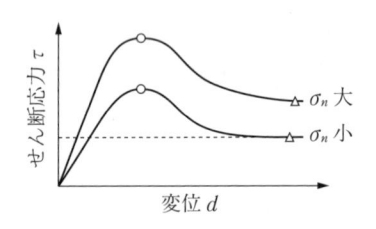

図9.2 一面せん断試験結果（鉛直応力の違いがせん断変形に与える影響）

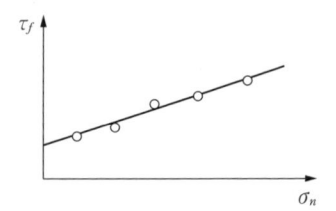

図9.3 ピーク強度τ_fと鉛直応力σ_nの関係

9.1 一面せん断試験による飽和土のせん断特性の把握

$$\tau = \frac{F_s}{A}, \qquad \sigma_n = \frac{F_n}{A} \tag{9.1}$$

ピーク時のせん断応力を改めて τ_f として σ_n を変えた試験に対し，τ_f と σ_n で整理すると図9.3のような直線関係が得られる．この直線の切片を c，傾きを ϕ とすると，図9.3は以下の式で近似される．

$$\tau_f = c + \sigma_n \tan\phi \tag{9.2}$$

式 (9.2) は**クーロンの破壊基準**（Coulomb's failure criterion）であり，c は**粘着力**（cohesion），ϕ は**内部摩擦角**（internal friction angle）で，設計で用いる強度定数である．また，残留時のせん断応力を τ_r として τ_r と σ_n で整理すると，試験結果は**図9.4**に示すような原点を通る直線で近似される．両者を重ねた図を**図9.5**に示す．鉛直応力 σ_n が増加するに従い，τ_f と τ_r の値は近づいていく．

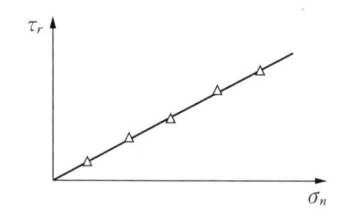

図9.4 残留強度 τ_r と鉛直応力 σ_n の関係

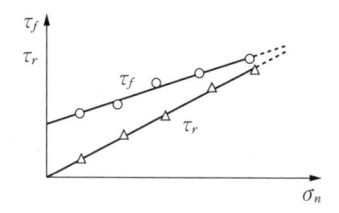

図9.5 ピーク強度 τ_f と残留強度 τ_r の関係

せん断に伴う鉛直変位は，せん断中の体積変化を表す．先ほどと同様，中密な砂のせん断中の鉛直変位を**図9.6**に示す．せん断初期にわずかに圧縮した後，膨張に転じる．膨張に転じた後でも，せん断応力はピーク時まで増加する点が注目すべき特徴で，過圧密土の挙動で詳しく説明する．

砂は1次元的には，鉛直荷重に対して圧縮しにくい材料である．しかし，せん断により圧縮したり膨張したりする．したがって，せん断前の砂供試体を同じ比容積で準備していても，鉛

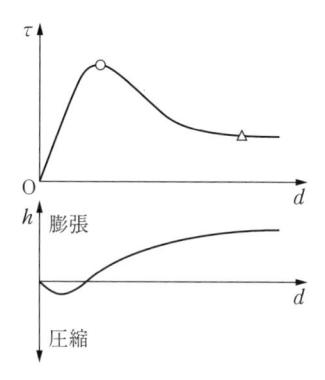

図9.6 中密な砂のせん断中の鉛直変位

直応力が違えば，せん断後の τ_f, τ_r, v は異なってくる．

9.1.2 粘土の非排水せん断強度

一面せん断試験機を使って，今度は飽和粘土のせん断試験を考察する．粘土は水で飽和され，しかも透水係数は非常に小さいので，短時間で粘土を壊すような試験では，粘土供試体に鉛直荷重 F_n を作用させても，またせん断を行っても体積変化は起こらない[†]．このようなせん断を等体積せん断，あるいは**非排水せん断**（undrained shear）と呼ぶ．

図 9.7 は，初期の比体積 v が等しい粘土供試体に対し，鉛直荷重 F_n を変えた試験から得られた τ-d 関係である．せん断応力のピークは観察されず，せん断変形後半ではせん断応力はほとんど変化せずに，供試体は破壊に至る．ダイレイタンシー特性としての h-d 関係は省略するが，非排水せん断であることから，せん断中は $h=0$ である．図 9.8 は鉛直応力 σ_n に対するそれぞれの破壊時せん断応力 τ_f である．鉛直応力は変化しても非排水条件であることから，すべてのプロットで比体積は等しい．すなわち，破壊するときの比体積が同じであれば，鉛直応力の違いにかかわらず τ_f は等しくなる．これを

$$\tau_f = c_u \tag{9.3}$$

と書き，粘土の**非排水せん断強度**（undrained shear strength）と呼ぶ．ここで c は cohesion, u は undrained を表す．この c_u は設計，特に粘土地盤の非排水支持力解析で用いられ

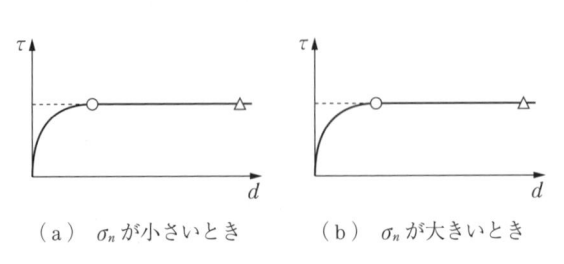

（a）σ_n が小さいとき　　（b）σ_n が大きいとき

図 9.7　鉛直応力 σ_n の異なる粘土の等体積せん断

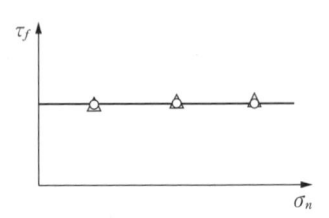

図 9.8　鉛直応力 σ_n とせん断強さ τ_f の関係

[†] このような条件を非圧密非排水条件という．

る。図9.9に示すような，c_u が深さ方向に一定である粘土地盤上の，幅Bの剛な帯基礎の極限鉛直荷重Q_fに対する極限支持力q_fは，以下の式で得られる。

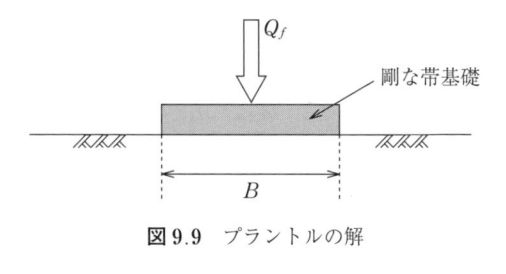

図9.9　プラントルの解

$$q_f = \frac{Q_f}{B} = (2+\pi)c_u = 5.14c_u \tag{9.4}$$

この式は，金属塑性における**プラントル**（Prandtl）の解を粘土地盤の非排水支持力の算定に応用したものである。

9.1.3　土のせん断試験が具備すべき条件

式 (9.2) は，円弧すべり解析など土構造物の安定問題において，土の持つ抵抗力として使われる。安定問題の仮定からもわかるように，土のせん断特性においてせん断変形を無視して，破壊時（ピーク時）のせん断応力を「強度」として注目している。式 (9.4) は，粘土地盤の非排水せん断強度を用いて非排水支持力を算定する。ここでもせん断変形は無視している。土のせん断試験の目的の一つは，このように設計に用いる強度定数であるcやϕ, c_uなどを求めることである。もう一つの大きな目的は，土のせん断変形挙動を調べること，すなわち土の構成関係を明らかにすることである。ここでは特に後者の土の構成関係を調べることに注目し，そのために必要となる条件を示す。

土のような非線形材料の構成関係を調べるということは，ひずみ増分テンソル$d\varepsilon$と有効応力増分テンソル$d\boldsymbol{\sigma}'$の関係を，任意の応力状態（有効応力テンソル）$\boldsymbol{\sigma}'$のもとで，できるだけ詳しく観測することである。以下の式 (9.5) 〜 (9.7) は，それぞれのテンソルの表現行列を示している[†]。

[†]　7章で説明したように，それぞれのテンソルについては，三軸試験での軸応力，側応力の載荷方向がそれぞれのテンソルの主軸と一致する（と仮定する）ので，主軸を座標軸にとるとそれぞれのテンソルの表現行列が対角化され，その対角成分が主値（主応力，主応力増分，主ひずみ増分）となる。

$$[d\varepsilon] = \begin{pmatrix} d\varepsilon_{11} & d\varepsilon_{12} & d\varepsilon_{13} \\ d\varepsilon_{21} & d\varepsilon_{22} & d\varepsilon_{23} \\ d\varepsilon_{31} & d\varepsilon_{32} & d\varepsilon_{33} \end{pmatrix} \tag{9.5}$$

$$[d\sigma'] = \begin{pmatrix} d\sigma'_{11} & d\sigma'_{12} & d\sigma'_{13} \\ d\sigma'_{21} & d\sigma'_{22} & d\sigma'_{23} \\ d\sigma'_{31} & d\sigma'_{32} & d\sigma'_{33} \end{pmatrix} \tag{9.6}$$

$$[\sigma'] = \begin{pmatrix} \sigma'_{11} & \sigma'_{12} & \sigma'_{13} \\ \sigma'_{21} & \sigma'_{22} & \sigma'_{23} \\ \sigma'_{31} & \sigma'_{32} & \sigma'_{33} \end{pmatrix} \tag{9.7}$$

簡単のため，図 9.10 に 1 次元問題における $d\varepsilon$，$d\sigma'$，σ' の関係を示す．構成関係を調べるということは，図 9.10 に示す関係を，実験でできるだけ正しく測定するということである．

土の構成関係を明らかにすることを目的とする場合の一面せん断試験のおもな欠点を以下に挙げる．この欠点は次節の三軸圧縮試験でほぼ克服される．もちろん設計などの実務において，一面せん断試験が有用

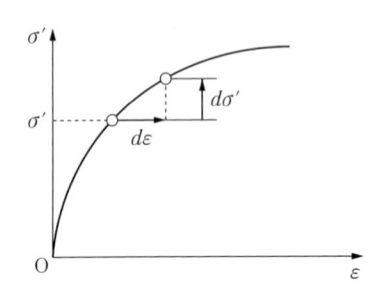

図 9.10 ひずみ増分 $d\varepsilon$ と有効応力増分 $d\sigma'$

な試験であることはいうまでもない．

① 過剰間隙水圧を測定できない．あるいは，σ_n なのか σ'_n なのか曖昧（あいまい）である．

② 応力テンソルを特定できない．
　・土供試体内部の状態が均一でない．
　・均一を仮定しても，τ と σ'_n から応力状態である式 (9.7) を特定できない．

③ ひずみテンソルを特定できない．
　・ずれ変位 d や垂直変位 h とひずみの関係が不明である．

9.2 三軸圧縮試験による飽和土のせん断変形特性の把握

9.2.1 三軸圧縮試験

三軸試験機については，図8.1にすでに示した。また，試験機の概要も8.1.1項ですでに説明した。三軸圧縮試験におけるせん断方式には，荷重制御方式とひずみ制御方式がある。荷重制御によるせん断方式の場合は，セル圧 σ_c を一定として，軸荷重 F_a を一定速度で増加させることにより供試体をせん断する。ひずみ制御によるせん断方式の場合は，載荷ピストンを固定し，三軸圧縮室を等ひずみ速度で上昇させて供試体をせん断する。ここで軸応力は，軸荷重 F_a を供試体断面積 A で割ってセル圧 σ_c を加えたものであり，最大主応力 σ_1 に対応する。セル圧は最小主応力 σ_3 に対応する。

$$\sigma_1 = \frac{F_a}{A} + \sigma_c \tag{9.8}$$

$$\sigma_2 = \sigma_3 = \sigma_c \tag{9.9}$$

一方，セル圧を上昇させながら軸荷重を一定に制御すると，軸応力よりも側応力を大きくすることができる。このような状態で側応力を増加させて供試体をせん断する試験を三軸伸張試験と呼ぶ。この場合，最大主応力は側応力，最小主応力は軸応力となる。

三軸試験機で計測される諸量は，軸変位 ΔH，体積変化 ΔV，過剰間隙水圧 u_e である（すべて圧縮を正とする）。軸変位 ΔH と供試体の初期高さ H_0 とから軸ひずみ ε_a が算出され，体積変化 ΔV と供試体の初期体積 V_0 から体積ひずみ ε_v が算出される。三軸圧縮状態のとき，軸ひずみ ε_a は最大主ひずみ ε_1 に対応し，側方のひずみは最小主ひずみ ε_3 に対応する。

$$\varepsilon_1 = \frac{\Delta H}{H_0} \tag{9.10}$$

$$\varepsilon_v = \frac{\Delta V}{V_0} \tag{9.11}$$

三軸試験機の大きな特徴は過剰間隙水圧 u_e を計測できることである。過剰間隙水圧は，図8.1の排水コックを閉じることにより間隙水圧計で計測され

る。排水コックを開けた場合は，間隙水圧を計測する代わりに二重管ビューレットの水位変化から体積変化が計測される。

　二重管ビューレットは，体積変化を測定するビューレットとそのまわりにかぶせたアクリルセルからなっている。このアクリルセル内に背圧レギュレーターで制御された空気圧をかけることができ，この空気圧によって，供試体内の間隙水は空気圧と等しい水圧を有することになる。この水圧を**背圧**（back pressure）σ_B と呼ぶ。背圧の役割は，土供試体からビューレットまでにある空気を圧縮し，土供試体の飽和度を高めることである。通常の実験では49 kPaから196.2 kPa程度を与える[†]。背圧 σ_B はつねにセル圧 σ_c よりも小さくするよう注意が必要であり，背圧を作用させたときの側圧（ここでは σ_3 とする）は次式で示される。

$$\sigma_3 = \sigma_c - \sigma_B \tag{9.12}$$

　ここで7章で示した応力パラメータ，ひずみパラメータ，すなわち式(7.6), (7.7), (7.20), (7.21)を再掲する。三軸圧縮状態でのパラメータであり，これらのパラメータを用いて三軸圧縮試験の結果を整理する。

$$p' = \frac{1}{3}(\sigma'_1 + 2\sigma'_3) \tag{9.13}$$

$$q = \sigma'_1 - \sigma'_3 \tag{9.14}$$

$$\varepsilon_v = \varepsilon_1 + 2\varepsilon_3 \tag{9.15}$$

$$\varepsilon_s = \frac{2}{3}(\varepsilon_1 - \varepsilon_3) \tag{9.16}$$

なお，試験結果を整理する際には便宜上，せん断ひずみ ε_s の代わりに ε_1 が，体積ひずみ ε_v の代わりに比体積 v が用いられることが多い。比体積 v は体積ひずみ ε_v から算出でき，せん断ひずみ ε_s は体積ひずみ ε_v と軸ひずみ ε_1 から算出できる。

　供試体はせん断とともに変形し，円柱形は保たれなくなる。せん断中でも，

[†] 密詰め砂や超過圧密粘土の非排水せん断ではせん断による負圧が発生するため，背圧の値の設定に注意が必要である。

供試体を円柱形と仮定して刻々の断面積を補正することがある。これを断面補正という。せん断前の供試体断面積を A_0 とすると，断面補正は以下の式で表される。

$$A = A_0 \frac{1 - \Delta V/V}{1 - \Delta H/H} = A_0 \frac{1 - \varepsilon_v}{1 - \varepsilon_a} \tag{9.17}$$

9.2.2 二つの典型的な三軸試験方法

通常の三軸圧縮試験では，まず土供試体に等方圧としてセル圧 σ_c を与え，等方圧密が終了した後（等方圧密過程），セル圧 σ_c を一定にして供試体に軸応力を与える（せん断過程）。ここでは，せん断中の排水条件により，**圧密排水せん断試験**（consolidated drained test, **CD test**）と**圧密非排水せん断試験**（consolidated undraind test, $\overline{\text{CU}}$ **test**）[†]の二つの典型的な三軸圧縮試験方法を説明する。なお，土供試体として飽和土を扱う。

〔1〕 **圧密排水せん断試験**　図8.1に示した三軸試験機の排水コックを開けて，せん断中に飽和土の体積変化を許す試験であり，せん断により発生する過剰間隙水圧 u_e が至るところで0となるようにゆっくりとせん断する。粘土のように透水係数の小さい材料については，せん断速度が大きいと供試体内部に過剰間隙水圧が発生した状態でせん断が進行することになり，せん断速度には注意が必要である。せん断中の排水量は，二重管ビューレットの水位変化により計測する。

$u_e = 0$ としているから，式 (7.5) より

$$\begin{pmatrix} \sigma_1 & 0 & 0 \\ 0 & \sigma_3 & 0 \\ 0 & 0 & \sigma_3 \end{pmatrix} = \begin{pmatrix} \sigma_1' & 0 & 0 \\ 0 & \sigma_3' & 0 \\ 0 & 0 & \sigma_3' \end{pmatrix} \tag{9.18}$$

となり，主応力（全応力）はすべて有効応力となる。q と p' の試験中の増分 Δq と $\Delta p'$ は，側圧（側応力）一定試験である場合には $\Delta \sigma_3 = \Delta \sigma_3' = 0$ であるこ

[†] $\overline{\text{CU}}$ test とは，間隙水圧を計測する圧密非排水せん断試験のことであり，間隙水圧を計測しない場合は CU test と呼ばれる。

とを考慮すると

$$\left.\begin{array}{l}\Delta q = \Delta(\sigma_1' - \sigma_3') = \Delta\sigma_1' - \Delta\sigma_3' = \Delta\sigma_1' \\ \Delta p' = \dfrac{1}{3}\Delta(\sigma_1' + 2\sigma_3') = \dfrac{1}{3}(\Delta\sigma_1' + 2\Delta\sigma_3') = \dfrac{1}{3}\Delta\sigma_1'\end{array}\right\} \qquad (9.19)$$

となり，応力比増分は

$$\frac{\Delta q}{\Delta p'} = 3 \qquad (9.20)$$

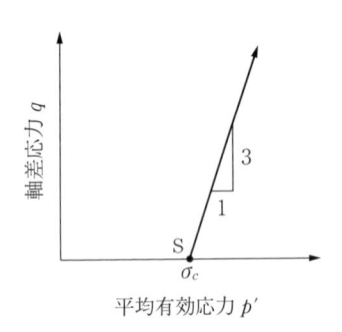

図 9.11 三軸試験における排水試験の有効応力経路

となる。図 9.11 に示すように，試験中の**有効応力経路**（effective stress path），すなわち $q\text{-}p'$ 関係は傾き 3 の直線となる。図の点 S は，等方圧密過程により等方圧（セル圧 σ_c）を与え，圧密が終了したときの状態である。点 S では軸差応力は 0，側応力が平均有効応力である。なお，全応力と有効応力はせん断中も等しいことから，図 9.11 の有効応力経路は，式 (9.18) より**全応力経路**（total stress path）と等しくなる。

〔2〕 **圧密非排水せん断試験**　せん断中に飽和土の体積変化を許容しない試験で，排水コックを閉めて，供試体内部の間隙水を外部へ流出させず，また外部から流入させないようにする試験である。排水を許さずにせん断するため，過剰間隙水圧 u_e が発生する。仮に排水コックを開けてせん断した場合，排水（体積圧縮）が起こるような土供試体では，過剰間隙水圧は正値を示す。一方，吸水（体積膨張）が起こる土供試体では，過剰間隙水圧は負値を示す。水が非圧縮性材料であることを前提とすると，非排水せん断試験は等体積せん断試験とみなすことができる[†]。

[†] 土構造物に挿入された補強材などは，土構造物に外力が与えられたとき，土の変形を拘束する。その拘束力は補強材が土に及ぼす力となる。一方，その反作用である土が補強材に及ぼす力は補強材に軸力を発生させることになる。同様に，土の体積変化を拘束する「部材」として間隙水を考えると，部材力を過剰間隙水圧とみなすことができる。

図 9.12 に示すように，式 (7.8)，(7.9) から非排水せん断における有効応力経路（非排水経路）は全応力経路の平均全応力 p についてのみ，発生した過剰間隙水圧 u_e を引いたものとなる。

非排水三軸試験を実施する場合でも，せん断速度は十分に小さくすることに注意が必要である。その理由は以下のとおりである。土供試体にせん断が与えられると，せん断速度が大きすぎる場合，発生する過剰間隙水圧は土供試体に不均質に分布する。特に供試体下端面ではペデスタル，上端面ではキャップとの摩擦により，他の部分より大きい過剰間隙水圧が発生する。水圧は供試体下端部で計測され，計測された水圧を供試体全体に均質に発生する水圧とみなして，図 9.12 のような有効応力経路（非排水経路）を描くことから，水圧が供試体内部で均質になるようせん断速度を小さくしなければならない。十分に小さいせん断速度であるため，非排水条件といえども供試体内部で**間隙水の移動**（pore water migration）が起こることになり，供試体内部の比体積分布は不均質となる。

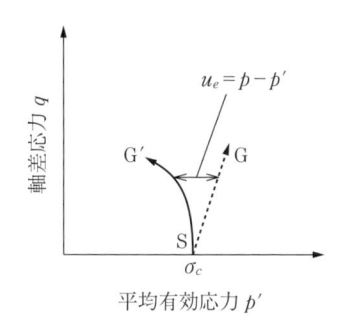

図 9.12 正規圧密粘土の非排水試験の有効応力経路

9.2.3 三軸圧縮試験における飽和粘土の典型的な四つのせん断挙動

表 9.1 に示すように，飽和粘土の初期状態として，**正規圧密状態**（normally consolidated state）と**超過圧密状態**†（heavily overconsolidated state）の二つの状態を設定し，せん断時の排水条件として**非排水条件**（undrained

表 9.1 四つの典型的な試験

	圧密非排水せん断試験	圧密排水せん断試験
正規圧密粘土	I	II
超過圧密粘土	III	IV

---

† 重過圧密状態とも呼ばれる。

condition）と**完全排水条件**（fully drained condition）の二つの条件を設定する。これら，計四つの試験における典型的なせん断挙動を紹介する。

　四つの試験は**ビショップ**（Bishop）と**ヘンケル**（Henkel）がウィールドクレイ（Weald clay）を用いて行った実験[1]を**アトキンソン**（Atkinson）らがまとめた[2]ものである。シンプルな試験でありながら，8章の圧縮挙動と併せて，練返し飽和粘土の力学挙動の本質を提供する重要な試験である。四つの試験では図9.13に示すように，すべてせん断試験前の供試体の比体積 v を等しくしている点に特に注意が必要である。正規圧密粘土（表9.1のⅠとⅡ）については，セル圧 σ_c を 207 kN/m^2 として等方圧を与え，圧密を終了させる。圧密終了時の比体積 v は 1.63 となっている。一方，超過圧密粘土（表9.1のⅢとⅣ）については，まずセル圧を 827 kN/m^2 として等方圧を与え，いったん圧密を終了させた後，セル圧を 34.5 kN/m^2 まで等方除荷し，十分膨潤させる。そのときの比体積 v は 1.63 であり，Ⅰ，Ⅱの比体積と等しい。ちなみに，ⅢとⅣの過圧密比 OCR は 24 である。

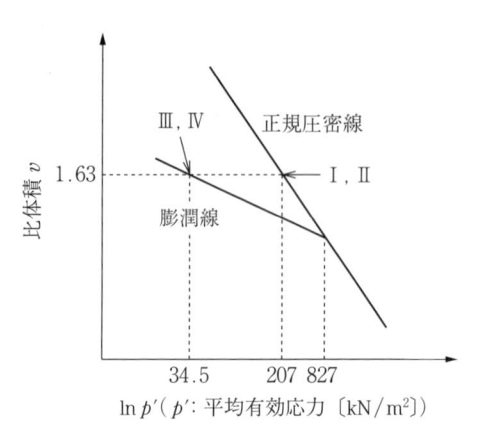

図 9.13　表 9.1 の四つの試験の初期状態

〔1〕**正規圧密粘土の圧密非排水せん断試験**　正規圧密粘土の圧密非排水せん断試験結果を図9.14に示す。図（a）は軸ひずみに対する軸差応力を，図（b）は軸ひずみに対する過剰間隙水圧を示している。せん断が進行するにつれ，軸差応力も過剰間隙水圧も上昇して正の値を示し，軸ひずみが 10% になるあたりからはその増加傾向が著しく鈍っている。約 18% の軸ひずみで供試体は破壊に至るが，両者の曲線（関係）は類似しており，軸ひずみが増えても破壊に至る時点での軸差応力および過剰間隙水圧は変化していないことがわか

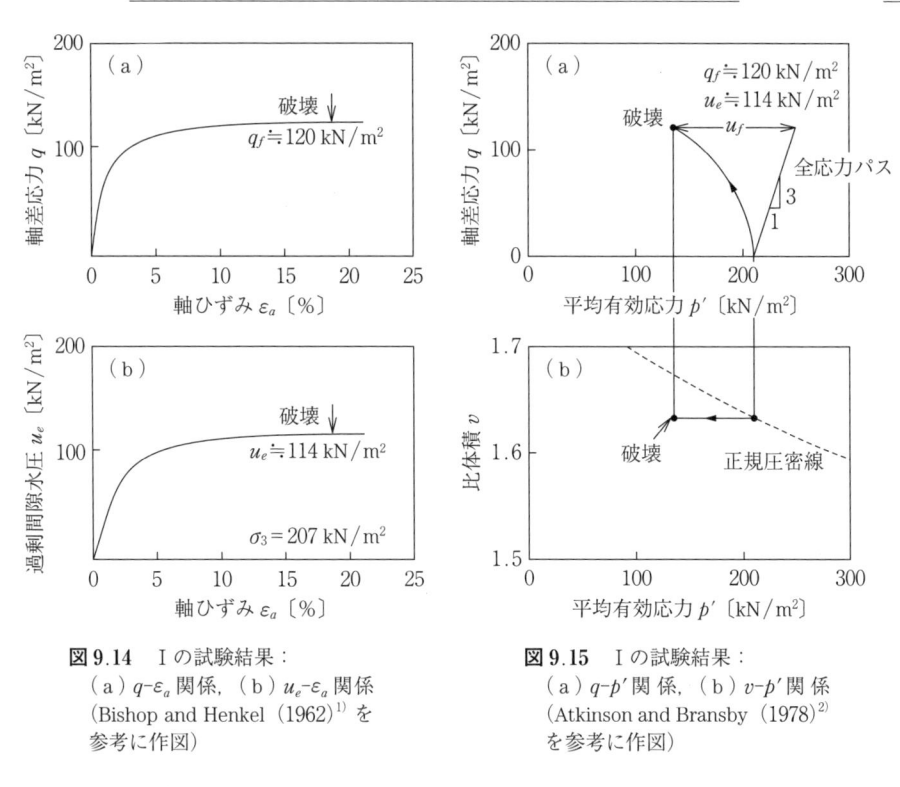

9.2 三軸圧縮試験による飽和土のせん断変形特性の把握

図9.14 Ⅰの試験結果:
(a) q-ε_a 関係, (b) u_e-ε_a 関係
(Bishop and Henkel (1962)[1] を参考に作図)

図9.15 Ⅰの試験結果:
(a) q-p' 関係, (b) v-p' 関係
(Atkinson and Bransby (1978)[2] を参考に作図)

る。非排水条件での軸差応力とそのとき発生した過剰間隙水圧の比

$$A = \frac{u_e}{q} \tag{9.21}$$

をスケンプトンの間隙圧係数と呼ぶ。破壊時の間隙圧係数 A_f は, 練返し正規圧密粘土の場合, だいたい 1.0 の値を示す。

つぎに q-p' (全応力表示もしているので q-p) 関係および v-p' 関係を**図9.15** に示す。せん断が進行すると, 最大主応力 σ_1 が増加し, 平均応力 p は増加する。しかし非排水条件であるため, 正の過剰間隙水圧 u_e も増加し, 平均有効応力 p' はせん断とともに減少している。

〔2〕 **正規圧密粘土の圧密排水せん断試験**　正規圧密粘土の圧密排水せん断試験結果を**図9.16** に示す。図 (a) は軸ひずみに対する軸差応力を, 図 (b) は軸ひずみに対する体積ひずみを示している。グラフの寸法に注意が必要で,

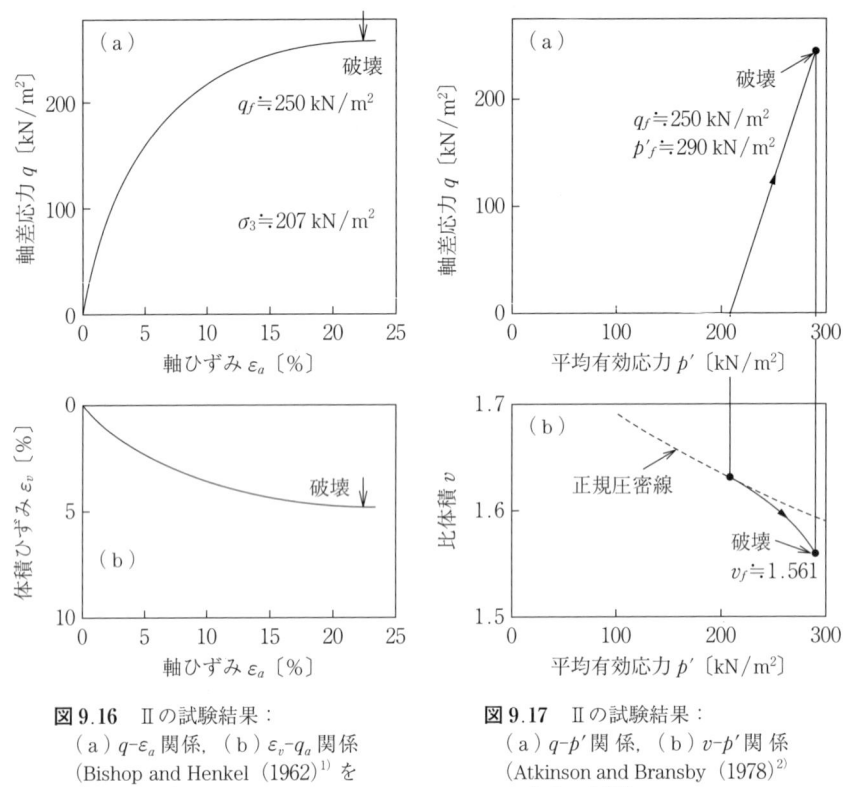

図9.16 Ⅱの試験結果：
（a）q-ε_a 関係，（b）ε_v-q_a 関係
(Bishop and Henkel (1962)[1] を参考に作図)

図9.17 Ⅱの試験結果：
（a）q-p' 関係，（b）v-p' 関係
(Atkinson and Bransby (1978)[2] を参考に作図)

Ⅰの非排水せん断の2倍程度の軸差応力で破壊に至る。せん断が進行するにつれ軸差応力は増加し，体積ひずみも増加している。8.3節で述べたように，せん断によって体積が変化することをダイレイタンシーと呼ぶ。ダイレイタンシーは体積膨張を正にとるので，本試験は負のダイレイタンシーを示している。せん断後半で軸差応力も体積ひずみも増加が鈍り，軸ひずみが20％を超えるあたりではほとんど増加していない。20％以上の軸ひずみで両者とも増加しないまま破壊に至る。

つぎに，q-p'関係およびv-p'関係を図9.17に示す。有効応力経路（q-p'関係）は傾き3の勾配を持つ直線となり，v-p'関係において比体積vはせん断に伴い減少し，上に凸の曲線となる。

9.2　三軸圧縮試験による飽和土のせん断変形特性の把握

正規圧密粘土の場合，排水試験ではせん断に伴い水を外へ排出する。その排出を許容しない試験がIの非排水試験であり，そのため非排水試験では正の過剰間隙水圧が発生する。

〔3〕**超過圧密粘土の圧密非排水せん断試験**　超過圧密粘土の圧密非排水せん断試験結果を**図9.18**に示す。図（a）は軸ひずみに対する軸差応力を，図（b）は軸ひずみに対する過剰間隙水圧を示している。せん断が進行するにつれ軸差応力は増加し，せん断後期には軸差応力がほとんど増加せず，軸ひずみが25％を超えて破壊に至る。過剰間隙水圧はせん断初期に正の値を示すが，その後減少し始め，せん断終了までに大きな負圧が発生する。破壊時にはやはりほとんど値が変化せず，破壊時の過剰間隙水圧 u_f は $-44.6\,\text{kN/m}^2$ 程度にも

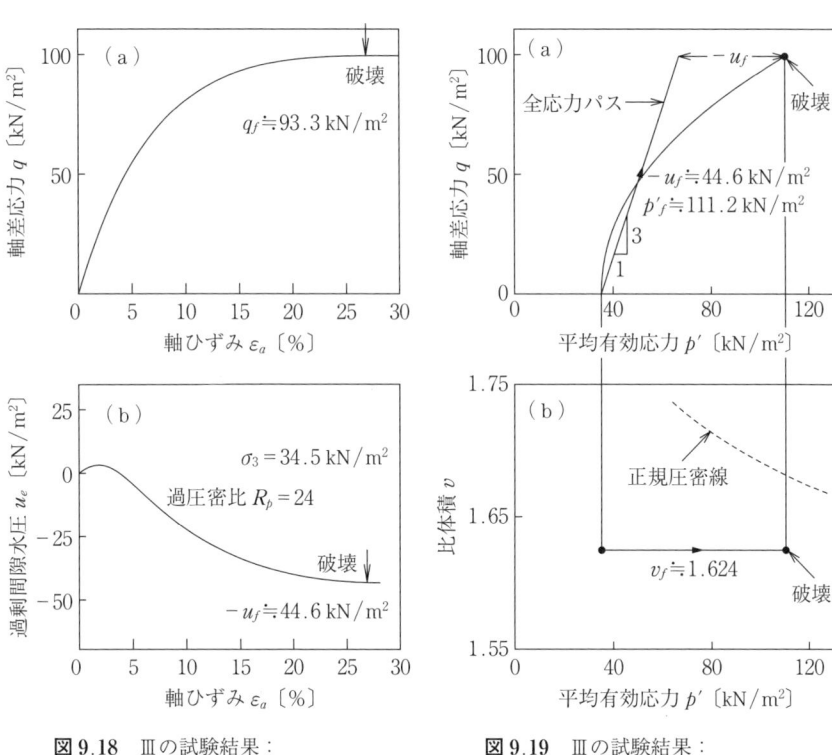

図9.18　Ⅲの試験結果：
（a）q-ε_a 関係，（b）u_e-ε_a 関係
(Bishop and Henkel (1962)[1] を参考に作図)

図9.19　Ⅲの試験結果：
（a）q-p' 関係，（b）v-p' 関係
(Atkinson and Bransby (1978)[2] を参考に作図)

なる†。

つぎに，q-p'関係およびv-p'関係を図9.19に示す。有効応力経路は，せん断の途中で過剰間隙水圧が負に転じたことから，全応力経路のpより有効応力経路のp'が大きくなり，図中の有効応力経路は全応力経路よりも「右側」に位置しながら，qが増加して破壊に至る。

〔4〕 **超過圧密粘土の圧密排水せん断試験** 超過圧密粘土の圧密排水せん断試験結果を図9.20に示す。図（a）は軸ひずみに対する軸差応力を，図（b）は軸ひずみに対する体積ひずみを示している。せん断が進行するにつれ軸差応

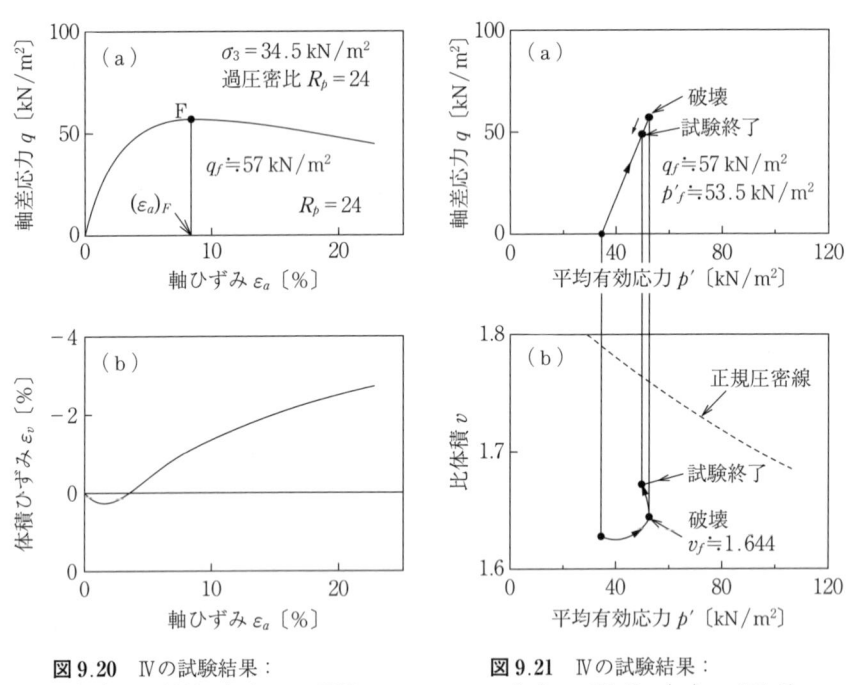

図9.20 Ⅳの試験結果：
（a）q-ε_a関係，（b）ε_v-ε_a関係
(Bishop and Henkel (1962)[1]) を参考に作図)

図9.21 Ⅳの試験結果：
（a）q-p'関係，（b）v-p'関係
(Atkinson and Bransby (1978)[2]) を参考に作図)

---

† 供試体に背圧を与えなければ大気圧は$98.1\,\mathrm{kN/m^2}$であるから，供試体内の水圧は$98.1-44.6=53.5\,\mathrm{kN/m^2}$となる。さらに負圧が大きくなり水圧が$0\,\mathrm{kN/m^2}$に近づくと，供試体は破壊してしまう。このような破壊を防ぐため背圧を高く設定する。

力は増加し，軸ひずみ8％あたりでピークを迎え，その後減少する。体積ひずみはせん断初期にわずかに増加し，その後減少，つまり膨張に転じていく。正のダイレイタンシーを示し，比体積は増加し続けるので，軸差応力はピーク値も残留値も他の試験よりも小さくなる。

体積ひずみは，図9.18（b）の過剰間隙水圧の挙動とよく似ている。すなわち，せん断初期に圧縮したあと膨潤し続けるのに対し，過剰間隙水圧はせん断初期に正の値を示した後，負の値になっている。非排水せん断試験の場合，超過圧密粘土の土粒子は，せん断に伴ってたがいに離れようとするが，非排水の制約を受けることになる。この制約により，過剰間隙水圧が負の値を示すことになる。負の過剰間隙水圧はp'の増加を意味し，これにより離れようとする土粒子を引きつける。このため，非排水せん断試験のq_fは排水せん断試験のq_fより大きくなる。なお超過圧密粘土の典型的な挙動は，体積ひずみが膨張に転じるところから軸差応力のピーク値までである。この間の挙動は，体積が膨張しながら軸差応力が増加する。

つぎに，q-p'関係およびv-p'関係を**図9.21**に示す。有効応力経路（q-p'関係）は傾き3の勾配を持つ直線となり，軸差応力がピーク値を示した後，同じ線上を戻る。

9.2.4　限界状態と限界状態線

9.2.3項で示した飽和粘土の四つの典型的なせん断試験結果として，まず**図9.22**にq-p'関係を示す。Ⅰ～Ⅲの試験における破壊時応力状態およびⅣの試験における残留時応力状態に注目すると，q-p'空間において原点を通る直線上でそれらの応力点が重なる。この直線は

$$q = Mp' \tag{9.22}$$

で表される。傾きMは限界状態定数と呼ばれ，土固有の値となる。

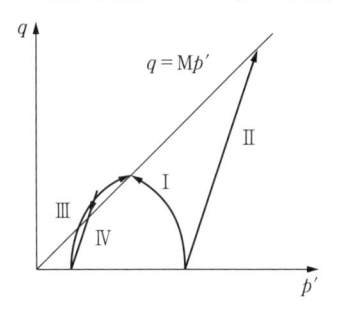

図9.22　四つの典型的なせん断挙動（q-p'関係）

一方，**図 9.23** に v-p' 関係を示す。v-p' 関係においても，Ⅰ～Ⅲの試験における破壊時応力状態およびⅣの試験における残留時応力状態に注目すると，一つの曲線上にそれらの応力点が載る。この曲線に対し，p' 軸を対数軸として v-$\ln p'$ 関係で整理すると**図 9.24** の実線のようになる。すなわち，正規圧密線と平行になる。式を示すと

$$v = \Gamma - \lambda \ln p' \tag{9.23}$$

であり，Γ と λ は土に固有の値で，$-\lambda$ は正規圧密線の傾きと等しくなる。

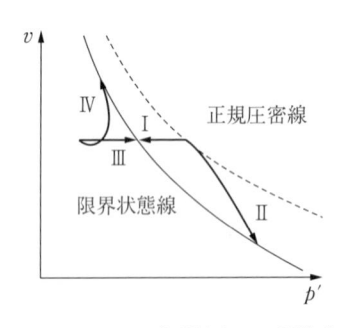

図 9.23 四つの典型的なせん断挙動
（v-p' 関係）

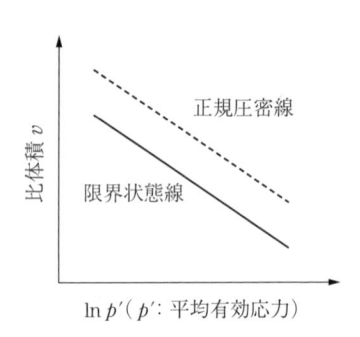

図 9.24 正規圧密線と限界状態線
（v-p' 関係）

8.3 節で導入した p'-q-v 空間で，式 (9.22)，(9.23) をともに満足するのは「線」であり，式 (9.22) は「線」の q-p' 面への射影を表し，式 (9.23) は v-p' 面への射影を表す。Ⅰ～Ⅲの試験における破壊時応力状態およびⅣの試験における残留時応力状態を**限界状態**（critical state），限界状態がプロットされる p'-q-v 空間内の「線」のことを**限界状態線**（critical state line，**CSL**）と呼ぶ。

限界状態での土の振る舞いは，図 9.14，図 9.16，図 9.18 の矢印，および図 9.20 の残留状態を注意深く見ると，大きく以下の二つに特徴づけられる。

① $q = q_f$ で一定で，q は増えないのに $d\varepsilon_a$ が不定，すなわち ε_a は増加している。

② 排水試験の場合，体積変化は $dv = 0$（$d\varepsilon_v = 0$），すなわち比体積（間隙比）が変化しないまま，ε_a は増加している。また，非排水試験の場合は過剰間隙水圧が一定のまま，ε_a は増加している。

9.3 飽和粘土の力学挙動の p'-q-v 空間における表現と状態境界面

9.3.1 限界状態線とロスコー面

パリー（Parry）[3]は，ウィールドクレイを用いて，拘束圧すなわち初期等方圧密圧力をいろいろと変えた正規圧密粘土供試体について，側圧一定の圧密非排水三軸圧縮試験および圧密排水三軸圧縮試験を実施し，すべての試験での限界状態を q-p' 図および v-p' 図にプロットした。それらを図 9.25 に示すとともに，横軸 p' を対数で再整理した v-$\ln p'$ 関係を図 9.26 に示す。すべての試験で得られた限界状態は，先に示した式 (9.22), (9.23) の線上に載る。

ヘンケル[4]は，ウィールドクレイを用いて，拘束圧をいろいろと変えて圧密

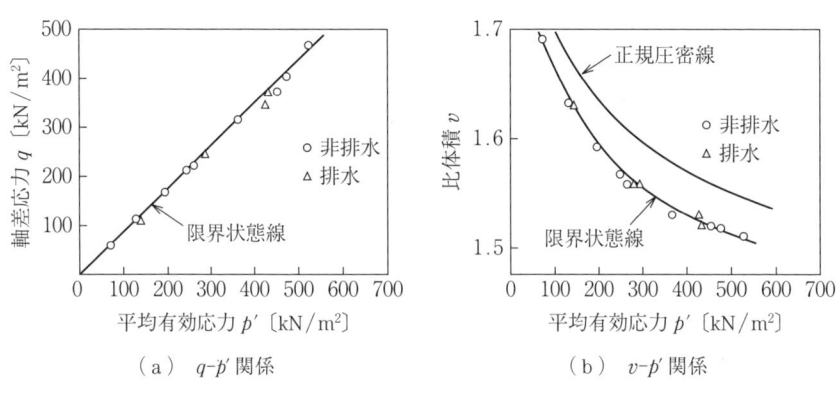

（a） q-p' 関係　　　　　（b） v-p' 関係

図 9.25 正規圧密粘土の排水・非排水試験の破壊点
（Parry (1960)[3] を参考に作図）

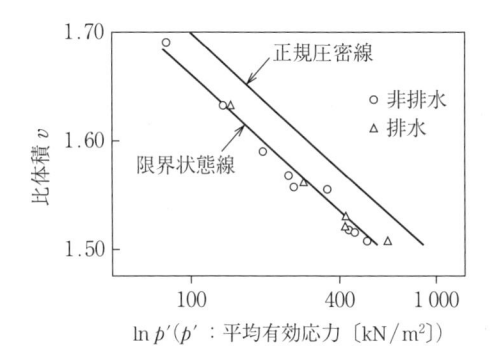

図 9.26 v-p' 空間における限界状態線
（Parry (1960)[3] を参考に作図）

させた正規圧密粘土供試体に対し，圧密排水せん断試験と圧密非排水せん断試験を圧縮・伸張の両方について実施した．そして，**図9.27**に示すように**等含水比線**（contours of constant water content）をσ'_a軸と$\sigma'_r\sqrt{2}$軸で整理した．ここにσ_a'は軸応力，σ_r'は側応力の有効応力表示である．圧密非排水圧縮・伸張試験では，せん断中は含水比一定であるため，有効応力パスが等含水比線になる．一方，圧密排水せん断試験では，せん断中に含水比が変化するため，刻々の排水量を測定し，せん断中の含水比変化を計算して等含水比線を描いている．図9.27に示すように，排水せん断試験で得られた等含水比線は，非排水せん断での等含水比線と相似形を示している．

このことは，正規圧密粘土のせん断試験において，用いる粘土が変わらなければ，p'とqが与えられると，その状態における比体積は一意に決まることを示している．すなわち正規圧密粘土をせん断することにより得られる，正規圧密線から限界状態線に至るまでの有効応力経路は，**図9.28**に示すようなp'-q-v空間内のある「曲面」上を動くことを示している．この曲面は**ロスコー面**（Roscoe surface）と呼ばれる．

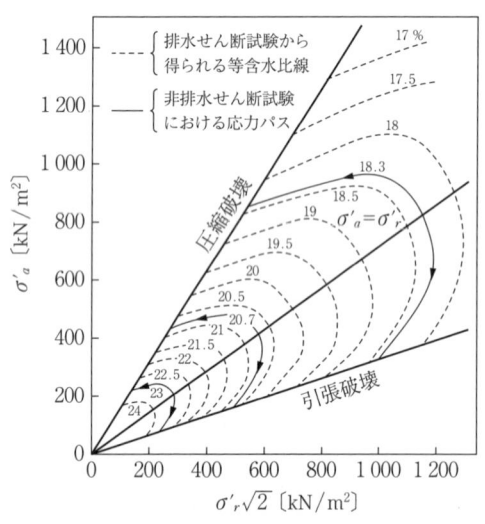

図9.27 排水・非排水せん断試験による等含水比線
（Henkel（1960）[4]）を参考に作図）

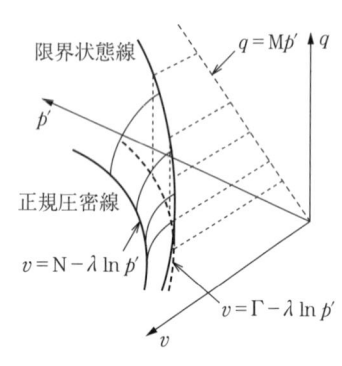

図9.28 ロスコー面
（Atkinson and Bransby，（1978）[2]）を参考に作図）

9.3.2 ロスコー面内の土のせん断特性と状態境界面

ロスコー面は p'-q-v 空間の原点から見ると外側に凸のような曲面となっている。原点側をロスコー面の内側,反対側を外側としてロスコー面を考察する。ロスコー面の内側に状態をとる土は,図 9.29 に示すように,正規圧密線上にある土を等方除荷することにより得られる。除荷することによって v-p' 図での正規圧密線と限界状態線の射影線との間に状態をとる土は,**若干過圧密な土**[†] (lightly overconsolidated soil) と呼ばれる。図 9.29 の点 S_2, S_3, S_4 はすべて若干過圧密な土である。これらを側圧一定で非排水せん断すると,図 9.30 に示すように,q-p' 図における点 S_1 からの非排水せん断経路よりも外側に状態をとることができない。もちろん点 S_1 からの非排水せん断経路は,ロスコー面の v_s = 一定 の面での切り口となる。すなわち,初期せん断開始時にロスコー面の内側に状態をとる土は,非排水せん断してもロスコー面の外側に状態をとることはできない。ロスコー面は,p'-q-v 空間における不可能領域と可能領域の境界面,すなわち**状態境界面** (state boundary surface) となる。なお,等方圧密試験における正規圧密線と 1 次元圧密における圧縮線はロスコー面上にプロットされる。8.4 節で示した正規圧密線と 1 次元圧密における圧縮

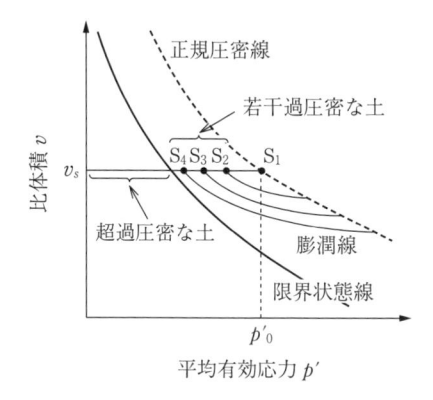

図 9.29 ロスコー面の内側の土の状態 (Atkinson and Bransby (1978)[2)] を参考に作用)

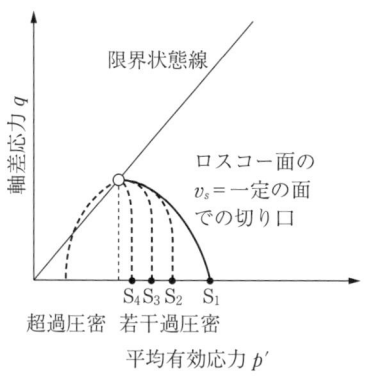

図 9.30 過圧密土の非排水経路 (Atkinson and Bransby(1978)[2)] を参考に作用)

[†] 軽過圧密状態とも呼ばれる。

線が，ともに不可能領域と可能領域の境界線であることが理解できる．

ロスコー面の内側に状態をとる土，すなわち過圧密土の挙動をさらに考察する．図9.30における若干過圧密土の非排水せん断経路は，ロスコー面に達するまでp'の変化なくqが上昇し，その後ロスコー面に沿って限界状態線にまで達する．その理由を以下に述べる．過圧密土の挙動は，8章でも示したように，有効応力変化に対して弾性応答をすると仮定する．しかも等方弾性応答をすると仮定すれば，フックの法則から体積ひずみ増分$\Delta\varepsilon_v$と平均有効応力増分$\Delta p'$の関係は以下のように表される．

$$\Delta\varepsilon_v = \frac{3}{E}(1-2\nu)\Delta p' = \frac{1}{K}\Delta p' \tag{9.24}$$

ここに，Eは**ヤング率**（Young's modulus），νは**ポアソン比**（Poisson's ratio），Kは**体積弾性係数**（elastic bulk modulus）である．また，せん断ひずみ増分$\Delta\varepsilon_s$と軸差応力増分Δqの関係は

$$\Delta\varepsilon_s = \frac{2(1+\nu)}{3E}\Delta q = \frac{1}{3G}\Delta q \tag{9.25}$$

ここに，Gは**せん断弾性係数**（elastic shear modulus）である．すなわち，式 (9.24) は等方弾性挙動では体積変化にp'の変化が伴うことを意味し，一方，式 (9.25) はせん断変形にqの変化だけが伴い，p'の変化は伴わないことを意味する．このため，ロスコー面の内側に状態をとる土の非排水せん断は，ロスコー面に達するまでは体積変化なしの挙動であるため，p'に変化がなくqだけが増加してせん断が進むことになる．

9.3.3 p'-q-v空間でのさまざまな飽和粘土の力学挙動の表現

図9.31は，正規圧密土の排水せん断挙動と非排水せん断挙動をp'-q-v空間で示したものである．正規圧密土の挙動はロスコー面上を移動する．したがってせん断前の等方圧密状態Aを通り，非排水面，すなわちvが一定である面とロスコー面との交線が非排水経路となり，限界状態線との交点が破壊点となる．一方，同じく状態Aを通り，排水面とロスコー面との交線が排水経路と

9.3 飽和粘土の力学挙動の p'-q-v 空間における表現と状態境界面

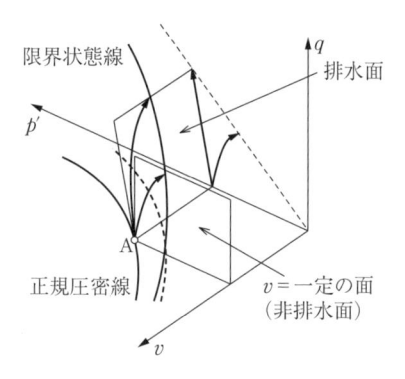

図 9.31 排水せん断と非排水せん断（Atkinson and Bransby (1978)[2] を参考に作図）

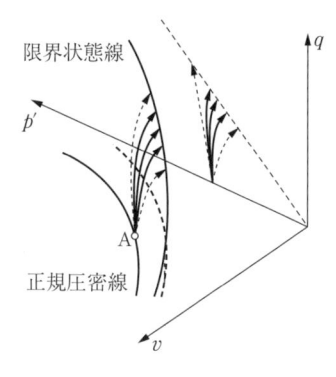

図 9.32 部分排水せん断

なり，限界状態線との交点が破壊点となる。

特に粘土供試体に対し，排水コックを開けたまま，載荷速度あるいは軸ひずみ速度をいろいろと変えてせん断すると，速度が大きい場合は非排水せん断に，速度が小さければ排水せん断に近づく。完全排水条件でも非排水条件でもないそれらの間の排水条件となるせん断を**部分排水せん断**（partially drained shear）と呼び，p'-q-v 空間では**図 9.32** のように表される。

9.3.4 状態境界面とモール・クーロンの破壊基準との比較

9.2.3 項以降，地盤材料のせん断変形挙動の記述について述べてきたが，設計においては地盤構造物の安定問題も重要で，その際には破壊基準に基づく強度定数（たとえば c や ϕ，あるいは c' や ϕ'）を論じることになる。慣用的に用いられる破壊基準としては，9.1.1 項で示したクーロンの破壊基準，そして以下に示す**モール・クーロンの破壊基準**（Mohr-Coulomb's failure criterion）が挙げられる。モール・クーロンの破壊基準とは，**図 9.33** に示すように，さまざまな拘束圧で

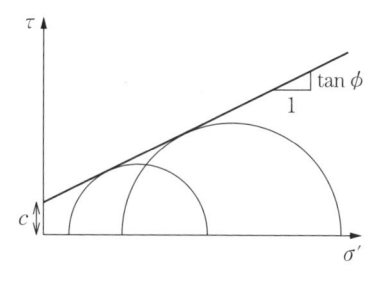

図 9.33 モール・クーロンの破壊基準

の破壊時のモールの応力円に接する直線で示される破壊基準であり，次式で与えられる．

$$\sigma_1 - \sigma_3 = 2c\cos\phi + (\sigma_1 + \sigma_3)\sin\phi \tag{9.26}$$

まず，この式の内部摩擦角 ϕ について考察する．式 (9.26) を有効応力による破壊基準に変更し，$c'=0$ である土を対象とすると，内部摩擦角 ϕ' と限界状態定数 M の関係はつぎのようになる．

$$\mathrm{M} = \frac{6\sin\phi'}{3-\sin\phi'} \quad \text{あるいは} \quad \sin\phi' = \frac{3\mathrm{M}}{6+\mathrm{M}} \tag{9.27}$$

例えば，M が 1.2 に対し，内部摩擦角 ϕ' は 30° と算出される．

粘着力 c については，p'-q-v 空間で表された土の状態，すなわち，十分に練り返された飽和正規圧密土の状態から考察する．粘着力 c とは拘束圧が 0 であるときのせん断抵抗力に対応する．図 9.34 に示すように，拘束圧 p' が 0 のとき軸差応力 q は 0 であり，せん断抵抗力を発揮せず，$c=0$ となる．c が値を持つ理由の一つとして，拘束圧が 0 とは全応力での p が 0 の状態であり，土供試体には負の過剰間隙水圧 u_e が発生していることが挙げられる．すなわち，式 (7.8) において $p=0$ とすれば

$$p' = -u_e \tag{9.28}$$

となる．つまり，負の過剰間隙水圧が発生し ($u_e<0$)，それがそのまま有効拘束圧 p' となるのである．負の過剰間隙水圧は土内部から土粒子を引きつけ，拘束圧となっている．p' が 0 でなければ軸差応力 q も 0 とはならず，せん断抵抗力を持つことになる．このせん断抵抗力が粘着力 c を生じさせる一つの要因となっている．

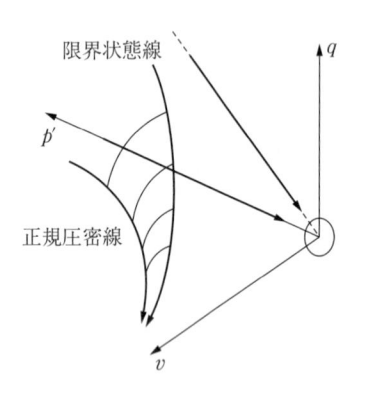

図 9.34 $p'=0$ 付近の土の状態

その他，土が不飽和であったり，自然堆積粘土のように過圧密状態でかつ構造を有する土（12 章を参照）であったりした場合なども，ある程度のせん断抵抗力を持ち，粘着力 c が生じる．

しかしながら，不飽和土は飽和化により，自然堆積粘土は構造の劣化や正規圧密土化などにより，p'-q-v 空間で表された土の状態に近づいていくと，粘着力 c を土固有の強度定数と考えるのは危険となる場合があるので注意が必要である．

演 習 問 題

〔9.1〕 表 9.1 に示す正規圧密粘土 II と超過圧密粘土 IV に対し，p' が一定の排水三軸圧縮試験を実施した．正規圧密粘土 II と超過圧密粘土 IV それぞれの破壊時軸差応力 q_f および破壊時比体積 v_f の値を求めよ．なお，土質定数として $\lambda = 0.09$, $\kappa = 0.035$, $M = 0.95$, $\Gamma = 2.06$ を用いよ．

〔9.2〕 等方圧 p'_0, $2p'_0$, $3p'_0$ で等方圧密した正規圧密粘土供試体に対して側圧一定の排水せん断試験を実施すると，等方圧によらずどの試験でも破壊までの比体積変化 Δv は等しくなることを示せ．

〔9.3〕 式 (9.24)，(9.25) を導け．

〔9.4〕 過圧密粘土の力学挙動は等方弾性挙動と仮定される．等方圧密された過圧密粘土の非排水せん断挙動を q-p' 図に示すと，鉛直上方に動く．その理由を述べよ．

〔9.5〕 式 (9.26) を導け．

10章 ロスコー面およびカムクレイモデル降伏曲面の導出

◆ 本章のテーマ

本章では,浅岡[1]によって示されたロスコー面を表す式の導出を紹介する。ロスコー面は,正規圧密線と限界状態線が両端となる面を形成している。v-$\ln p'$ 空間において正規圧密線と限界状態線は平行であること,q-p' 空間において正規圧密線は $q=0$ の直線,限界状態線は $q=Mp'$ となることの二つの実験事実に基づいて導かれる。さらに,正規圧密土はその状態をロスコー面上にとることから,正規圧密土の体積ひずみが示され,等方圧密後の側圧一定の非排水せん断の有効応力経路(非排水応力経路)そして非排水せん断強度 c_u も式で表すことができる。これらを踏まえて,オリジナルカムクレイモデルの降伏曲面を導く。

◆ 本章の構成(キーワード)

10.1 ロスコー面と正規圧密線,限界状態線
    正規圧密線,限界状態線,応力比,線形補間,ロスコー面
10.2 正規圧密土のせん断挙動に伴う体積ひずみの記述
    初期応力状態,体積ひずみ,ダイレイタンシー
10.3 非排水応力経路と c_u の表現
    有効応力経路(非排水応力経路),非排水せん断強度,c_u/p
10.4 オリジナルカムクレイモデルの降伏曲面
    弾性体積ひずみ,塑性体積ひずみ,降伏曲面,塑性ポテンシャル面,硬化パラメータ,硬化,軟化

◆ 本章を学ぶと以下の内容をマスターできます

☞ ロスコー面を表す式の導出
☞ 正規圧密土の体積ひずみの導出
☞ 正規圧密土の非排水経路の導出
☞ 正規圧密土の非排水せん断強度の式による表現
☞ オリジナルカムクレイモデルの降伏曲面の導出

10.1 ロスコー面と正規圧密線,限界状態線[1]

ここでは浅岡によるロスコー面を表す式とその導出過程を紹介する[1]。9章では,p'-q-v 空間における状態境界面としてのロスコー面は,正規圧密線と限界状態線を両端に持つ曲面で表されること,図9.23で示したように,v-$\ln p'$ 平面において正規圧密線と限界状態線は平行になることなどを示した。材料定数として,$p'=1.0$(結果を整理したときの単位に合わせる)での比体積 v を正規圧密線では N,限界状態線では Γ とすると,v-$\ln p'$ 平面における二つの「線」は以下のように表される。

$$v = N - \lambda \ln p' \tag{10.1}$$

$$v = \Gamma - \lambda \ln p' \tag{10.2}$$

また,q-p' 平面において正規圧密線と限界状態線を式で表すと,応力比 q/p' に注目して

$$\frac{q}{p'} = 0 \tag{10.3}$$

$$\frac{q}{p'} = M \tag{10.4}$$

となり,ともに応力比一定の直線を表す。なお,1次元圧縮線も同様に状態境界面上にあり,v-$\ln p'$ 平面においては

$$v = N_{K_0} - \lambda \ln p' \tag{10.5}$$

で表され,v-$\ln p'$ 平面上で正規圧密線と限界状態線の間に位置する。$p'=1.0$ での比体積 v は N_{K_0} で,材料定数である。また,q-p' 平面においては

$$\frac{q}{p'} = \frac{3(1-K_0)}{1+2K_0} \tag{10.6}$$

となり,K_0 値は正規圧密土であれば一定値で 0.5〜0.7 を示すことから,やはり応力比一定の直線であり,q-p' 平面上でも正規圧密線と限界状態線の間に位置する。式(10.1),(10.2),(10.5)から,これらの直線の傾き $-\lambda$ は応力比 q/p' に依存しない。そして,$p'=1.0$ における比体積を n とすると,n は応力比 q/p' に依存すると仮定して,v-$\ln p'$ 平面における直線群を統一的に以下の

ように表現することができる。

$$v = n - \lambda \ln p' \quad \left(0 \leq \frac{q}{p'} \leq M, \ \Gamma \leq n \leq N \text{ のとき}\right) \tag{10.7}$$

n は正規圧密線と限界状態線において，以下の値を持つ．

$$n = N \quad \left(\frac{q}{p'} = 0 \text{ のとき}\right) \tag{10.8}$$

$$n = \Gamma \quad \left(\frac{q}{p'} = M \text{ のとき}\right) \tag{10.9}$$

式 (10.8)，(10.9) を満足する n-q/p' 関係として，最も簡単な線形補間を採用すると，n は

$$n = N + \frac{\Gamma - N}{M} \frac{q}{p'} \tag{10.10}$$

で与えられる．したがって，任意の応力比に対応する直線群として

$$v = N - \lambda \ln p' + \frac{\Gamma - N}{M} \frac{q}{p'} \tag{10.11}$$

が仮定される．ここで，弾塑性構成モデルの一つであるオリジナルカムクレイモデル[2] の場合

$$N - \Gamma = \lambda - \kappa \tag{10.12}$$

となることから[3]，式 (10.11) は次式で表される．

$$v = N - \lambda \ln p' - \frac{\lambda - \kappa}{M} \frac{q}{p'} \tag{10.13}$$

これは，p'-q-v 空間におけるロスコー面を表す．

10.2 正規圧密土のせん断挙動に伴う体積ひずみの記述

正規圧密土とは，その状態がロスコー面上にある土のことである．前節でロスコー面を式で示したことから，ここでは正規圧密土のせん断に伴う体積ひずみ ε_v を記述する．

まず，せん断開始における土の初期応力状態を p'-q-v 空間で設定する．9章でも述べたように，通常の三軸試験では，土供試体を等方圧密した後，せん断

10.2 正規圧密土のせん断挙動に伴う体積ひずみの記述

を開始する。ここでも土の初期状態として，初期平均有効応力を等方圧 p'_0 とし，等方圧密が終了したときの比体積を v_0 とする。したがって，軸差応力 q は初期状態では 0 である。**図 10.1** に，p'-q-v 空間における初期応力状態を示す。初期状態では，$p' = p'_0$, $q = 0$, $v = v_0$ を式 (10.13) に代入して，次式のようになる。

$$v_0 = \mathrm{N} - \lambda \ln p'_0 \qquad (10.14)$$

この初期状態を体積ひずみの基準とする。一方，せん断中の任意の応力状態は式 (10.13) のロスコー面の式で表される。体積ひずみは式 (7.16) で定

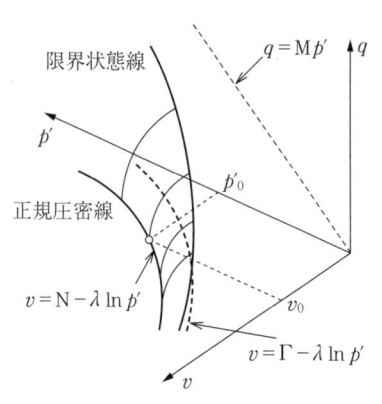

図 10.1 初期応力状態

義されているため，式 (10.13)，(10.14) を用いて以下のように示すことができる。

$$\varepsilon_v = \frac{\lambda}{v_0} \ln \frac{p'}{p'_0} + \frac{\lambda - \kappa}{\mathrm{M} v_0} \frac{q}{p'} \qquad (10.15)$$

式 (10.15) から重要な結論が二つ導かれる。一つ目は p' 一定のせん断試験を実施すると，右辺第 1 項による体積ひずみは生じない。一方右辺第 2 項による体積ひずみは q の増加とともに増加する。すなわち，p' に変化がないのに q の増加によって体積変化が起こる。等方弾性体の体積変化は p' の変化を伴うから，この体積変化は土の弾性挙動によるものではない。実際，元の応力状態に戻しても体積は元に戻らない。このように地盤材料のせん断に伴う体積変化，すなわちダイレイタンシーは塑性的な性質でもある。二つ目は，負荷状態である限り，土の体積変化は初めの有効応力状態 $p' = p'_0$, $q = 0$ と終わりの有効応力状態 p', q だけで決まり，途中の応力経路には依存しないことである。このことは 9 章において，ヘンケルの有名な実験としてすでに示している[4]。これら二つの結論は土の塑性論を語る上できわめて重要な事項である。土の状態記述を p'-q-v 空間で示した大きな理由はこの点にある。

10.3 非排水応力経路と c_u の表現

土の初期状態を前節と同様,等方圧 p'_0,比体積を v_0 として,非排水せん断試験を実施したときの有効応力経路(**非排水応力経路**, undrained stress path)は,式 (10.15) において,体積ひずみ ε_v を 0 とすることにより得ることができる。

$$\lambda \ln \frac{p'}{p'_0} + \frac{\lambda - \kappa}{M} \frac{q}{p'} = 0 \tag{10.16}$$

ただし,式の成り立つ範囲は $p'_0 \leq p' \leq p'_f$,$0 \leq q \leq q_f = Mp'_f$ である。非排水せん断での破壊時(限界状態)には $p' = p'_f$,$q = q_f = Mp'_f$ であることから,式 (10.16) に代入すると

$$p'_f = p'_0 \exp\left\{\frac{-(\lambda - \kappa)}{\lambda}\right\} = p'_0 \exp(-\Lambda), \qquad \Lambda = 1 - \frac{\kappa}{\lambda} \tag{10.17}$$

が得られる。非排水せん断強度 c_u は

$$c_u = \frac{1}{2} q_f \tag{10.18}$$

で与えられることから,式 (10.17) より非排水せん断強度は次式で示される。

$$c_u = \frac{1}{2} M p'_0 \exp(-\Lambda) \tag{10.19}$$

このように,ロスコー面を式で表すことにより,非排水応力経路,非排水せん断強度を求めることができる。なお,もちろん非排水せん断強度は

$$c_u = \frac{1}{2} q_f = \frac{1}{2} M \exp\left(\frac{\Gamma - v_0}{\lambda}\right) \tag{10.20}$$

のように,破壊時の比体積(ここでは非排水せん断であるため初期比体積 v_0)でも表すことができる。

日本では軟弱地盤上の盛土工事などの設計で c_u/p がよく使われ,通常この値は 0.3～0.4 といわれている。式 (10.19) から $p = p'_0$ を仮定することにより,c_u/p を求めることができ

$$\frac{c_u}{p'_0} = \frac{1}{2} M \exp(-\Lambda) \tag{10.21}$$

10.3 非排水応力経路とc_uの表現

となる。$c_u/p'_0=0.3$, $M=1.2$ とすると、式 (10.21) より、κ/λ は 0.3 程度となる。

設計に関連する話題をもう一つ挙げる。図 10.2 に示す、地表面に地下水位がある水平に堆積した飽和粘土地盤に対し、深さzでの粘土要素にかかる応力は、水中単位体積重量をγ'とすれば

$$\left. \begin{array}{l} \sigma'_1 = \gamma' z \\ \sigma'_2 = \sigma'_3 = K_0 \gamma' z \end{array} \right\} \quad (10.22)$$

と近似できる。ここでK_0は静止土圧係数で、通常 0.5～0.7 の値をとる。

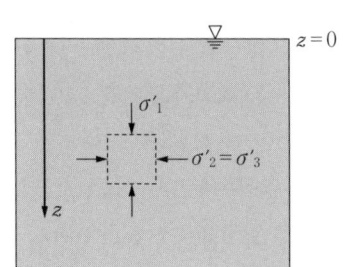

図 10.2 水平堆積地盤の応力状態

つぎに、深さzでの粘土要素にかかる軸差応力qと平均有効応力p'は

$$\left. \begin{array}{l} q = (1 - K_0) \gamma' z \\ p' = \dfrac{1}{3}(1 + 2K_0) \gamma' z \end{array} \right\} \quad (10.23)$$

となるが、これを用いてこの状態の土が非排水せん断を受けるときのc_uを求める。まず、式 (10.16) に式 (10.23) を代入すると

$$p'_0 = \frac{1}{3}(1 + 2K_0)\gamma' z \exp\left\{\frac{3(1-K_0)\Lambda}{(1+2K_0)M}\right\} \quad (10.24)$$

となる。この式に$K_0=0.5$, $M=1.2$, $\kappa/\lambda=0.3$ を代入すると、$p'_0 = 1.03\gamma' z$, すなわち

$$p'_0 \fallingdotseq \gamma' z \quad (10.25)$$

が得られる。したがって、c_u/p'_0 は

$$\frac{c_u}{p'_0} \fallingdotseq \frac{c_u}{\gamma' z} = 0.3 \sim 0.4 \quad (10.26)$$

と読み替えることができて「c_uは有効土被り圧$\gamma' z$の 1/3 程度」ということになり、設計時の確認として使うことができる。

10.4　オリジナルカムクレイモデルの降伏曲面

オリジナルカムクレイモデルは，世界で初めて土のせん断変形と圧縮・圧密挙動を統合して表現した弾塑性構成モデルである．ここでは 10.2 節で得られたロスコー面上に状態を持つ土の体積ひずみ ε_v から，オリジナルカムクレイモデルの降伏曲面を導く．

粘土の圧密試験において，荷重載荷初期には粘土は弾性応答を示しているが，圧密降伏応力に達した後は弾塑性応答を呈する．この圧密降伏応力は文字どおり土が降伏する点である．圧密試験だけでなくせん断試験を含め，粘土にさまざまな応力履歴を与えて土が降伏する点を応力空間[†1]に連ねると一つの曲面が形成されると考えられる．この応力空間における曲面を**降伏曲面**（yield surface）という．

まず，体積ひずみ ε_v は次式のように弾性成分 ε_v^e と塑性成分 ε_v^p に加算分解されると仮定する．

$$\varepsilon_v = \varepsilon_v^e + \varepsilon_v^p \tag{10.27}$$

ここで，体積ひずみの弾性成分 ε_v^e は

$$\varepsilon_v^e = \frac{\kappa}{v_0} \ln \frac{p'}{p_0'} \tag{10.28}$$

で表される．ここに κ は膨潤指数である．したがって，体積ひずみの塑性成分 ε_v^p は

$$\varepsilon_v^p = \varepsilon_v - \varepsilon_v^e = \frac{\lambda - \kappa}{v_0} \ln \frac{p'}{p_0'} + \frac{\lambda - \kappa}{Mv_0} \frac{q}{p'} = f(p', q) \tag{10.29}$$

で表される．この式がオリジナルカムクレイモデルの降伏曲面を表している．参考までに適当な土質定数を設定し[†2]，ひずみの基準として $p_0' = 500\,\mathrm{kN/m^2}$，$v_0 = 3.07$ のときの降伏曲面と非排水経路を図 10.3 に示す．

[†1]　7 章で示したように，土の任意の 1 点の応力状態は，6 個の成分を有する応力によって規定される．各応力成分を座標軸とする空間を応力空間という．応力空間は主応力を座標軸にして表現することもある．

[†2]　用いた土質定数は $\lambda = 0.2$，$\kappa = 0.05$，$M = 1.4$，$N = 2.3$ である．

10.4 オリジナルカムクレイモデルの降伏曲面

図9.26のヘンケルの等含水比線の実験において説明したように，ロスコー面上に状態をとる土は，初期応力状態 (p'_0, q_0) から初期比体積 v_0 が，現応力状態 (p', q) から現応力での比体積 v が一意に決まる。したがって体積ひずみ ε_v も同様に，負荷経路によらず初期応力状態と現応力状態だけから一意に決まる。また式 (10.28) で示されるひずみの弾性成分 ε_v^e も負荷経路によらないことから，式 (10.15) から式 (10.28) を引いた塑性体積ひずみ ε_v^p は，負荷経路によらず，初期応力状態 (p'_0, q_0) と現応力状態 (p', q) だけから決まる。したがって，数学における「ポテンシャル概念[†1]」を援用すると，式 (10.29) はオリジナルカムクレイモデルの塑性ポテンシャル面[†2] をも表していることになり，また塑性体積ひずみ ε_v^p は硬化パラメータ[†3] に対応する。

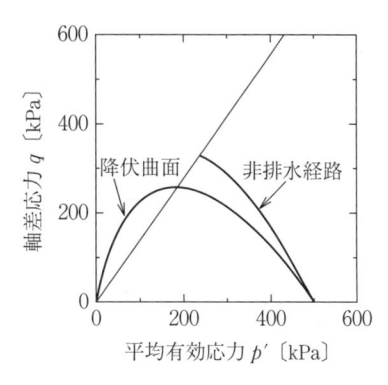

図 10.3　降伏曲面と非排水経路

図 10.4 には，p'-q-v 空間での降伏曲面を示している。降伏曲面は膨潤線からの鉛直壁（弾性壁と呼ぶ）とロスコー面の交線で表される。ロスコー面の内部に状態をとる土は過圧密土であり，弾性体で近似されるため，外力により弾性壁上をその状態が動くことになる。弾性壁上を動いている間は，降伏曲面はその大きさを変えない。降伏曲面が広がるのは，土の状態が塑性圧縮を生じながらロスコー面上を動く，すなわち弾塑性挙動を呈したときである。一方で，

[†1] ベクトル場がスカラー関数の勾配として表されるとき，そのスカラー関数のことをポテンシャルと呼ぶ。例えば，質量 m の物体に対し，重力加速度を g とすると，地球上の物体は mg の力（重力）が作用する。いま，基準面に対し鉛直上向きに z 軸をとると，スカラー関数 $\phi = mgz$ は位置エネルギーであり，ポテンシャルエネルギーとも呼ばれる。高さ z さえ決まれば，経路によらず ϕ は決まる。また z で微分することにより作用する力（ベクトル場）が求められる。

[†2] 応力空間において，塑性ひずみ速度テンソル $\dot{\varepsilon}^p$ がスカラー関数の応力勾配として表されるとき，†1と同様にそのスカラー関数のことを塑性ポテンシャルと呼ぶ。

[†3] 塑性ポテンシャルを広げる指標。硬化パラメータの増減によって塑性ポテンシャルが拡大・縮小する。塑性履歴パラメータとも呼ばれる。

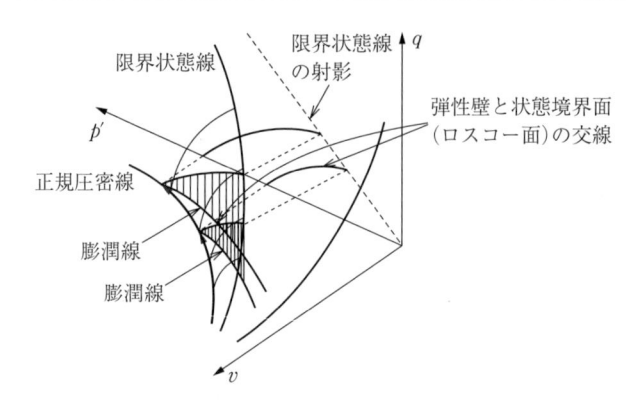

図10.4 p'-q-v 空間における降伏曲面

塑性膨張が生じた場合は降伏曲面は縮小する．降伏曲面が拡大することを硬化，縮小することを**軟化**（softening）と呼ぶ．

演習問題

〔**10.1**〕 n-q/p' 関係として
$$n = a\ln\left\{1+\left(\frac{q}{Mp'}\right)^2\right\} + b \tag{10.30}$$
を採用することを考える．式 (10.8)，(10.9) を満足する a，b の値を求めよ（修正カムクレイモデルに対応する）．

〔**10.2**〕 $\lambda = 0.15$，$\kappa = 0.01$，$M = 1.2$ の粘土供試体を，$p'_0 = 300\,\text{kN/m}^2$ で等方圧密したときの比体積 v は 2.0 であった．その後，粘土供試体を側圧一定で非排水せん断することを考える．以下の問に答えよ．
 （1） 非排水経路を図示せよ
 （2） 破壊時の軸差応力 q_f を求めよ．
 （3） $p'_0 = 500\,\text{kN/m}^2$ まで等方圧密し，その後，同様に非排水せん断したときの破壊時の軸差応力 q_f を求めよ．

〔**10.3**〕 式 (10.28) を導け．

〔**10.4**〕 塑性ポテンシャルと通常のポテンシャルが異なる点を挙げよ．

11章 土の締固めと品質管理

◆ 本章のテーマ

　同じ土であっても比体積を小さくする（密度を大きくする）と，その土は硬く，強くなる。比体積を小さくする方法は，土に静的に荷重を与え時間をかけて水を搾り出す方法と，もう一つは動的に荷重を与え短時間で間隙の空気や水を追い出す方法がある。前者は飽和土を対象にした圧密によるもの，後者は不飽和土を対象とした締固めによるものである。ここでは締固めを取り上げ，プロクター（Proctor）により提案された締固め曲線と土の締固め試験を紹介する。そして締固め曲線に与える諸因子，締固めた土の力学特性についての特徴を示し，施工で使われる土の締固め基準を紹介する。

◆ 本章の構成（キーワード）

11.1 プロクターによる締固め曲線の発見
　　　転圧，締固め曲線，最大乾燥密度，最適含水比，ゼロ空気間隙曲線
11.2 室内締固め試験
　　　締固め方法 A～E，試料の準備方法および使用方法 a～c
11.3 締固め曲線に影響を与える諸因子
　　　締固めエネルギー，特に注意の必要な盛土材料
11.4 締め固めた土の力学特性
　　　強度（圧縮強さ，CBR など），圧縮性（圧縮ひずみ），透水係数，過転圧
11.5 締め固めた土の品質管理の規定値
　　　品質規定方式，施工規定方式，空気間隙率，タスクメータ，トータルステーション・GNSS

◆ 本章を学ぶと以下の内容をマスターできます

- ☞ 締固め曲線の特徴
- ☞ 締固めエネルギーが締固め曲線に及ぼす影響
- ☞ 土質の違いが締固め曲線に及ぼす影響
- ☞ 土の締固め状態と力学特性（強度，圧縮性，透水係数）の相関
- ☞ 締め固めた土の品質管理の規定値

11.1 プロクターによる締固め曲線の発見

土は土粒子，水，空気の三相で構成されるため，同じ土であっても比体積が異なれば（密度が異なれば），その土の性質も変化する。土の締固めとは，盛土などの地盤構造物や地盤を**転圧**[†]（roller compaction）することにより，土の密度を増加させることである。土の密度を増加させることにより，土構造物や地盤の圧縮性，透水性は低下する一方で，強度は増加する。6章では，飽和土を対象に，静的な荷重を作用させて水を搾り出す圧密を学んだ。本章では不飽和土を対象にした土の締固めを学ぶ。不飽和土の力学は現在，盛んに研究が行われているが，飽和土の力学ほど理論が整備されておらず，したがって土の締固めについては経験による成果の紹介がおもなものとなる。不飽和土の力学体系の構築が待たれる。

プロクターは1933年に発表した「転圧アースダムの設計および施工について」という論文[1]の中で，これまで経験的に行われてきた締固めに対して締固め特性を明確に示した。すなわち，締固めエネルギー（次節で詳述）を同じにし，含水比 w を変えて締固めを行うと，乾燥密度 ρ_d が最大となる間隙比 w が存在するというものである。これはプロクターの締固めの原理と呼ばれ，「土質力学三大発見」の一つといわれている。図11.1に示す含水比 w と乾燥密度 ρ_d の関係は**締固め曲線**（compaction curve）と呼ばれ，先の乾燥密度を**最大乾燥密度**（maximum dry density）$\rho_{d\,\mathrm{max}}$，含水比を**最適含水比**（optimum water content）w_{opt} と呼ぶ。

さらに，プロクターは締固めた土の性質の把握が重要であると認識しており，それらを実験によって確かめてい

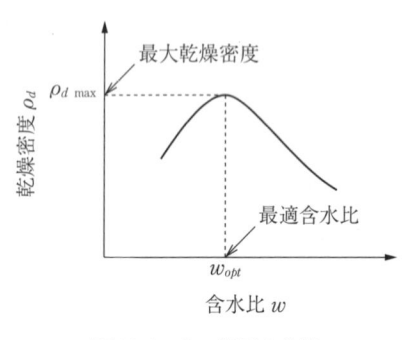

図11.1 土の締固め曲線

[†] ローラー型の締固め機械（転圧機械）の重量や振動により，盛土材料を締め固めること[2]。

る。おもな成果として，締固めた土の硬さを塑性針の貫入抵抗値から測ったところ，締固めた土の硬さは，最適含水比よりも若干乾燥側で最大値を取ること，また透水係数は最適含水比よりも若干湿潤側で最小値をとることを示した。

含水比 w と乾燥密度 ρ_d の図上には，土の土粒子密度 ρ_s によって決まる**ゼロ空気間隙曲線**（zero air voids curve）が描ける。ゼロ空気間隙曲線とは，各含水比において土の飽和度 S_r が 100 %，すなわち間隙にある空気が締固めによって追い出された極限の締固められた状態のことである。式 (2.11) に，式 (2.8) を代入すると，含水比 w と乾燥密度 ρ_d との関係が飽和度 S_r によって変わる曲線が示される。

$$\rho_d = \frac{1}{\frac{\rho_w}{\rho_s} + \frac{w}{S_r}} \rho_w = \frac{1}{\frac{1}{G_s} + \frac{w}{S_r}} \rho_w \tag{11.1}$$

この式で，飽和度 S_r を 100 % とすると

$$\rho_d = \frac{100\rho_w}{\frac{100\rho_w}{\rho_s} + w} = \frac{100\rho_w}{\frac{100}{G_s} + w} \tag{11.2}$$

となり，ゼロ空気間隙曲線となる。ゼロ空気間隙曲線と締固め曲線との隔たりは，土の吸水能力，すなわち締固め後の土に外部から水が浸入する能力を表す。土がどれだけ吸水してどのような状態になり得るかを判断することができる。なお，式 (11.1) から，各飽和度一定曲線も描くことができ，締固め曲線でのそれぞれの含水比での飽和度を算定することができる。

11.2　室内締固め試験

室内締固め試験は，JIS A 1210：2009 の「突固めによる土の締固め試験方法」に従い実施される。ここではその概略と注意点を述べる。図 11.2 にカラー付きモールドとランマーを示す。締固め方法の種類は，ランマー質量とモールド内径，1層当りの突固め回数などにより A〜E の5種類に分類される。また，

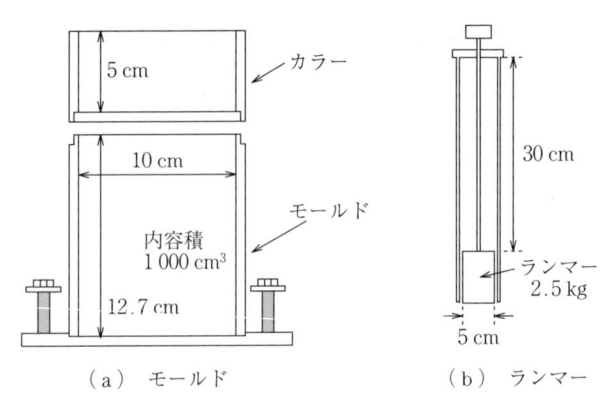

図 11.2 室内締固め試験用器具

　試料の準備方法および使用方法は a～c の 3 種類に分類される．ここでは標準的な A-a 法を示す．

　締固め方法 A とは，内径 10 cm で内容積 1 000 cm^3 のモールドに土を 3 層に詰め，層ごとに質量 2.5 kg のランマーを高さ 30 cm から自由落下させ，25 回突き固める試験方法のことである．3 層目の突固めには注意が必要で，試料上面がモールドの上縁よりも高く，カラーの中央高さよりも若干低くなるように，土の量を調整し突き固める．そしてカラーの内縁に沿って，ヘラなどで試料とカラーの密着をとり，試料上面を押さえてカラーを静かにねじりながらはずす[3]．そして直ナイフで表面を成形し，体積を 1 000 cm^3 として含水比 w，湿潤密度 ρ_t を計測し，式 (2.8) より乾燥密度 ρ_d を算定する．この作業を，加水し含水比を変化させて 5, 6 回行う．そして，図 11.1 に示すように，含水比 w と乾燥密度 ρ_d の関係である締固め曲線を描き，最大乾燥密度 $\rho_{d\,\mathrm{max}}$ と最適含水比 w_{opt} を求めるのである．

　a は乾燥法で繰返し法を意味する．乾燥法とは，試料を最適含水比よりも低い初期含水比から加水することで各含水比を調整する方法である．また繰返し法とは，土をほぐして何度も使う方法である．

　なお，締固めエネルギーとは締固め仕事量 E_c のことで，以下のように定義される[3]．

$$E_c = \frac{W_R \cdot H \cdot N_L \cdot N_B}{V} \ (\mathrm{kJ/m^3}) \tag{11.3}$$

ここで，W_R〔kN〕はランマーの重量，H〔m〕はランマーの落下高さ，N_L は層数，N_B は1層当りの突固め回数，V〔m³〕はモールドの容積を表す。A, B法は締固めエネルギーが小さく，C, D, E法は大きい。ちなみにC, D, E法は，ランマーの質量が4.5 kg，落下高さが45 cmである。

11.3 締固め曲線に影響を与える諸因子

　プロクターが発表した論文は以後の締固め施工に大きな影響を与えた。しかし，締め固めた土の力学挙動よりも締固め曲線だけが以降の設計に用いられるようになった。締め固めた土の力学挙動については次節で示すこととし，ここではプロクターも指摘した締固め曲線に影響を与える諸因子，その中でも，締固めエネルギーが及ぼす影響と，土質（粒径分布）の違いが及ぼす影響を挙げる。

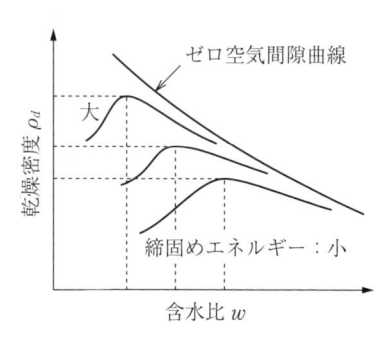

　まず，締固めエネルギーが締固め曲線に及ぼす影響についてである。既往の研究としては，引用・参考文献4), 5) に詳しい。図11.3に模式図を示す。三つの締固めエネルギーの異なる締固め曲線を見ると，締固めエネルギーが大きくなるほど，最大乾燥密度は高く，最適含水比は小さくなる。より大きなエネルギーを与えるため，間隙はより圧縮されて最大乾燥密度は高く，また少量の水でもエネルギーが大きいため圧縮することができ，最適含水比は低くなる。このように，最適含水比や最大乾燥密度は，締固めエネルギーや締固め方法によって変わるため，11.5節で示すように室内締固め試験で得られた値を用いる際には，注意が必要である。

図11.3　締固めエネルギーが締固め曲線に及ぼす影響

土質の違いが締固め曲線に及ぼす影響についても，既往の研究として引用・参考文献4)，5) が挙げられる。図11.4 に模式図を示す。もちろんすべて同じ締固め方法（締固めエネルギー）で得られた曲線である。締固め曲線は，細粒分を多く含むとなだらかな山形を示し，グラフの右下に位置する。すなわち最大乾燥密度は小さく，最適含水比は大きくなる。一方，粗粒分を多く含むほど，グラフの左上へ移動し，締固め曲線は鋭くとがった形状になる。

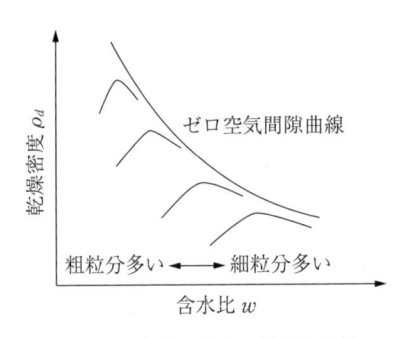

図11.4 土質の異なる締固め曲線

盛土材料は，切り盛り土量のバランスなどを考慮した計画に基づき選定されるため，さまざまな材料を盛土材料として扱わなければならない。『道路土工—盛土工指針』[6) によると，ほとんどの土質材料は盛土材料として使用できるとのことだが，特に注意が必要な盛土材料として，盛土の安定が問題となる土，トラフィカビリティーが問題となる土，降雨により侵食を受ける土，さらに風化の速い土，敷均しの困難な土，凍土の被害が生じやすい土などを挙げている。

2009年の東名高速道路牧之原サービスエリア（静岡県）付近での地震による盛土崩壊事例では，盛土材料として使用していた第三紀泥岩が盛土内に溜まった水によって**スレーキング**[†]（slaking）を起こし，粘土化したことが原因とされている[7)]。また2007年度の能登半島地震では凝灰岩を盛土材料とした能登有料道路が崩壊した[8)]。以上のことから，盛土材料に適した材料とそうでない材料を区別し，適さない材料については，盛土の法面勾配を緩くする，あるいは土質改良等の対策を施した後，盛土材料として使用すべきであろう。

[†] おもに軟岩に対し，水浸すると組織の結合力が破壊されて泥状化あるいは細粒化する現象のこと[2)]。

11.4 締め固めた土の力学特性

締め固めた後の土の力学特性の把握は，土構造物の変形，安定問題に対し，重要な情報となる。プロクター以後も土の締固め状態と力学特性を関連づける研究は多く行われてきている。三国[5]は，御母衣ダム（岐阜県）建設に際し，しゃ水壁材料としての性質，特に透水係数と締固め曲線の関係を調べた。

また久野[9]は，図11.5に示すように，工学的性質として強度（一軸圧縮強さ，**CBR**（California bearing ratio）など），圧縮性（圧縮ひずみ），透水係数を挙げ，それらと締固め曲線の関係を，さらに締固めエネルギーも変化させて模式図に表した。特徴を以下のようにまとめている。

① 土の強度（圧縮強さ，CBRなど）は，最適含水比 w_{opt} よりもやや低い含水比で締め固めたときに最大値を示し，締固めエネルギーが大きく乾燥密度が高いほど，その値は大きくなる。

② 土の圧縮性は，w_{opt} よりもやや小さい含水比で締め固めたときに最大値を示す。

③ 土の透水性は，w_{opt} よりやや大きい含水比で締め固めたとき最小となる。

④ 供試体を水浸させることにより，強度も圧縮性も w_{opt} 付近でそれぞれ最大値，最小値を示す。

⑤ 強度に関しては，締固めエネルギーが増加すると，初期含水比によっては単調増加するもの，増加した後減少するもの，単調に減少するものがある。特に，初期含水比の高い粘性土や火山灰質粘性土を高い締固めエネルギーで締め固めると，土の捏ね返しにより強度が低下する。このような現象を**過転圧**（オーバーコンパクション，overcompaction）と呼び，注意する必要がある。

図11.6（151ページ）には，締固め度の異なる土供試体を用いて，圧密非排水三軸圧縮試験を行った結果の一例を挙げている。用いた土試料は，盛土用に粒度調整された土である。締固め試験を実施して最大乾燥密度 $\rho_{d\,max}$ と最適含水比 w_{opt} を求め，含水比を最適含水比に調整して締固めエネルギーを変える

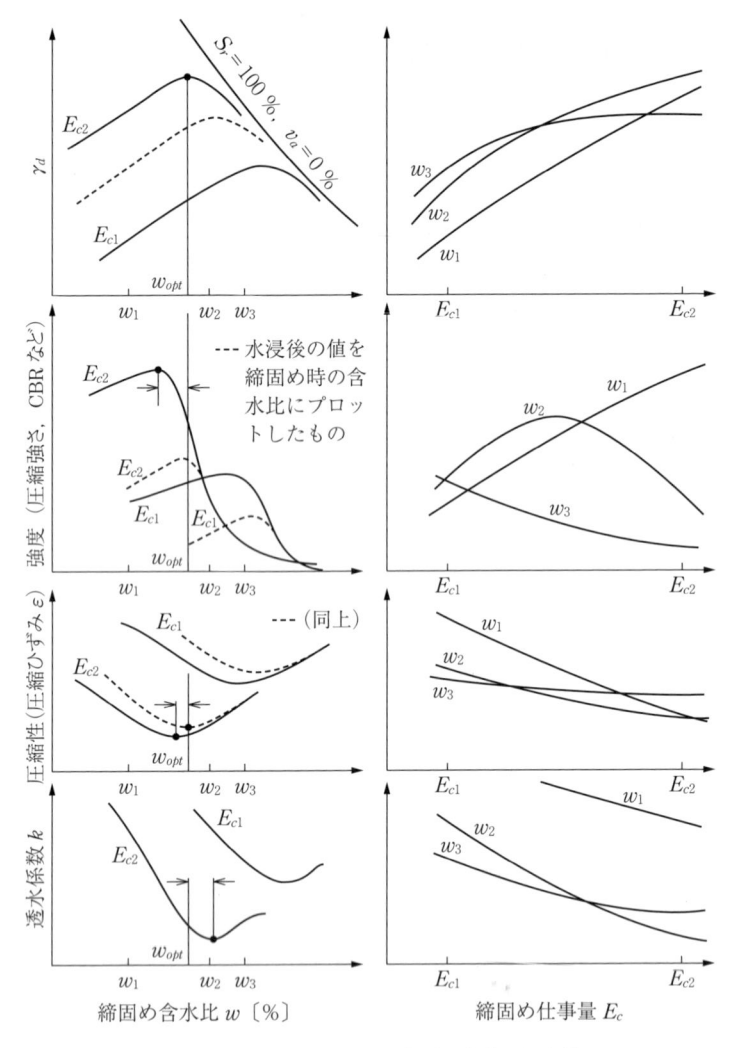

図 11.5 締固めによる土の性質の変化の傾向[8]

ことにより，締固め度 D_c が 85，90，95，100 % の土供試体を作製した。そして土供試体を三軸試験機にセットして飽和させた後，拘束圧 100 kPa で等方圧密し，側圧一定で非排水せん断した。なお，締固め度 D_c は次式で与えられる。

$$D_c = \frac{\text{現場の乾燥密度 } \rho_d}{\text{突固め試験による最大乾燥密度 } \rho_{d\max}} \times 100 \quad [\%] \quad (11.4)$$

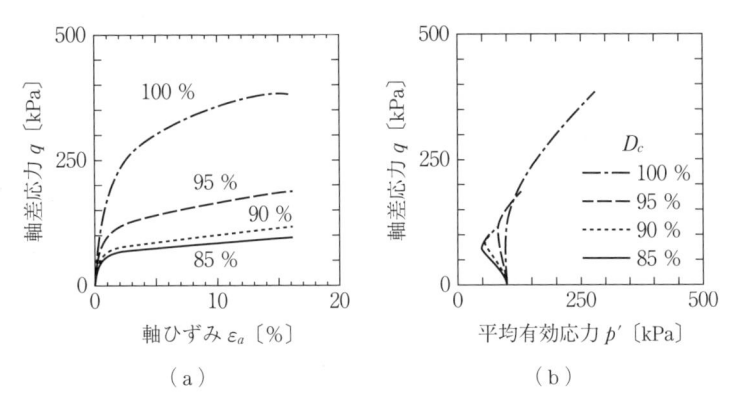

図11.6 締固め度の違いによる非排水せん断挙動の変化の例

分子にある現場の乾燥密度は，実験において締固めエネルギーを変えて作製した三軸供試体の乾燥密度に対応する。締固め度が増加するとともに初期の剛性が大きくなり，最大軸差応力も増加する傾向を示している。また，有効応力経路も初期に立ち上がるようになり，せん断後半では p' の増加が顕著に観察される。なお今回の実験では，土供試体の飽和化を行った結果を示しているが，実際の締固め材料の挙動は不飽和状態であることから，不飽和度を制御できる試験装置による実験結果の考察が今後必要である。

11.5 締め固めた土の品質管理の規定値

締め固めた土（盛土）の品質の規定は，品質規定方式と工法規定方式に分けられる。品質規定方式には，① 最大乾燥密度，最適含水比を用いる方法，② 空気間隙率 v_a または飽和度 S_r を用いる方法，③ 締固めた土の強度，変形特性を用いる方法の三つがある。① については式（11.4）で定義した締固め度 D_c が使われる。締固め度 D_c の分子である現場の乾燥密度 ρ_d の計測は，今までは砂置換法[10]がよく使われていたが，現在は密度だけでなく含水比も測定できることから，**RI 法**[10]（radioisotope method）が主流になってきている。しかし，締固め度 D_c の分母の突固め試験による最大乾燥密度については，室内試験と

現場試験とで必ずしも同じ材料が使われるとはいえず，さらに締固め方法や締固めエネルギーの違いもあることから，締固め度 D_c を品質管理の規定値とするには注意が必要である。

② については，空気間隙率 v_a，飽和度 S_r を改めて下記に示す。

$$v_a = 100 - \frac{\rho_d}{\rho_w}\left(\frac{100\rho_w}{\rho_s} + w\right) \quad 〔\%〕 \tag{11.5}$$

$$S_r = \frac{w}{\dfrac{\rho_w}{\rho_d} - \dfrac{\rho_w}{\rho_s}} \quad 〔\%〕 \tag{11.6}$$

土粒子密度 ρ_s の計測は，最大乾燥密度に比べて十分な精度を持ち，締固め方法の違いによる影響を受けないことから，① よりも ② のほうが主流になってきている。しかし，締め固めた土の v_a が小さく S_r が高い場合でも，土の含水比 w が大きいと，その土の強度も剛性も小さくなる。② を用いる場合は，締固めた土の強度，変形特性も合わせて考慮することが必要である。

　工法規定方式には，① タスクメータを利用する方法[11] と，② トータルステーション・**GNSS**（Global Navigation Satellite Systems，**全地球航法衛星システム**）を利用する方法[12] がある。詳細はそれぞれの文献に譲る。

　ちなみに，旧道路公団（高速道路株式会社 3 社）では，品質規定方式，工法規定方式にかかわらず，最終的には現場において，試験転圧（モデル施工）を実施し，実際に用いる転圧機械で転圧して，密度が落ち着いた締固め回数を採用するとともに，転圧機械，敷均し回数，まき出し厚さを決定しており，現場に応じた方式となっている[11]。

　表 11.1 には各機関で提案する盛土の品質管理項目と規定値を示している[13]。各機関で若干の違いはあるが，それ以上に，近年の豪雨・地震により盛土が被災しており，盛土材料に応じた締固めの品質規定，盛土の要求性能などの検討が必要である。また締固めた盛土の品質のばらつきを考慮した品質規定の提案が必要となってきている。

11.5 締め固めた土の品質管理の規定値

表11.1 各機関での品質管理項目と規定値[13]

		国土交通省*			東・中・西日本高速道路(株)**				都市再生機構***			国土交通省鉄道局****			国土開発技術研究センター*****	
		盛土路体	路床		下部路体	上部路体	下部路床	上部路床	盛土	路体	路床	下部盛土	上部盛土		堤防	
実固め試験名		JIS A 1210	JIS A 1210		JIS A 1210				JIS A 1210			JIS A 1210 (礫:E法, 砂:B法)	JIS A 1210 (礫:E法, 砂:B法)		JIS A 1210 (A法)	
密度比	締固め度 (%)	90以上[1]	90以上[1]		92以上[2]	92以上[2]		97以上[2]	一般施工 87以上[2] 85以上[5] 重要全部位 90以上[3] 88以上[5]	路体 90以上[2] 85以上[5]	路床 90以上[3] 90以上[5]	性能ランクI 礫 90以上(87)[3] 砂 95以上(92)[3] 90以上(87)[3] 性能ランクII 90以上[4]	性能ランクI 95以上(92)[3] 性能ランクII 90以上(87)[3] 性能ランクIII 90以上[4]		A:90以上[5]	
	v_a (%)	B:15以下[2] C:10以下[2]	—		B:13以下[2] C:18以下[2]	—		—	一般施工 13以下[4] 15以下[4] 重要全部位 10以下[4] 12以下[5]	10以下		性能ランクII 8以上[4] C:15以下[4]	—		B:15以下[5] C:2〜10[5]	
空気間隙率または飽和度	S_r (%)	粘性土 85〜98			—											
強度・変形特性	試験方法	たわみ試験	—		—	—	CBR試験	たわみ量試験 CBR試験	—	コーン指数試験 CBR試験 たわみ量試験		平板載荷試験 FWD試験 小形FWD試験			C:85〜95[5]	
	規定値	—	路床仕上げ後に実施		仕様最小密度における修正CBR 2.5以上	仕様最小密度における修正CBR 5以上		たわみ量 5mm以下 仕様最小密度における修正CBR 5以上	締固め度および所定のたわみビリティが確保できる含水比	コーン指数 $C:q_c \geqq$ 400 kN/m^2			性能ランクI K_{30}≧110 (70) 性能ランクII K_{30}≧110 (70) または 70(50)≦K30[*6]<110(70) 性能ランクIII K30[*6]≧70 単位:MN/m³			
施工含水比		最適含水比とρ_{dmax}の90%が得られる湿潤側含水比の範囲			自然含水比またはトラフィカビリティが確保できる含水比				締固め度および所定のたわみビリティが確保できる含水比			できるだけ最適含水比に近づける			トラフィカビリティーを確保できる範囲	
一層の仕上がり厚さ		30 cm以下	20 cm以下		30 cm以下			20 cm以下	まきだし厚さ 路体30 cm以下 30 cm(50 cm以下)			30 cm程度(50 cm未満)			30 cm以下	

*: 道路土工 施工指針 **: 設計要領第一集 土工編 ***: 工事共通仕様書 ****: 鉄道構造物等設計標準・同解説(土構造物) *****: 河川工マニュアル
*1: 砂置換法による方法
*2: RI計器による方法の15点の平均
*3: RI計器による方法,突砂のいずれかによる方法の平均
*4: RI計測,砂置換,突砂のいずれかによる方法の平均
*5: 砂置換法による方法と突砂による方法の平均
*6: 平均値
※表中カッコ内の数値は下限値

演習問題

〔11.1〕「土質力学三大発見」の一つはプロクターの締固めの原理である。そのほかの二つを答えよ。

〔11.2〕 あるシルト質の土について，締固め試験を行い，**表11.2**のような結果が得られた。ただし，使用したモールドの体積は$1\,000\,\text{cm}^3$で，その質量は$2\,280\,\text{g}$である。土試料密度ρ_sを$2.65\,\text{g}/\text{cm}^3$，水の密度を$1.00\,\text{g}/\text{cm}^3$とする。

表11.2 標準締固め試験結果

	1	2	3	4	5	6	7
湿潤土＋モールド質量〔g〕	4 300	4 391	4 444	4 480	4 465	4 454	4 436
含水比〔％〕	8.2	9.5	10.3	11.5	12.1	13.3	13.9

（1）締固め曲線を描け。
（2）最適含水比，最大乾燥密度を求めよ。
（3）ゼロ空気間隙曲線，$S_r = 80\,\%$，$90\,\%$曲線を描け。
（4）空気間隙率$5\,\%$，$10\,\%$曲線を描け。

〔11.3〕 式 (11.5) を導け。
〔11.4〕 式 (11.6) を導け。
〔11.5〕 砂置換法で密度を計測する際の注意点を挙げよ。

12章 構造を有する土の力学挙動

◆本章のテーマ

　今までの地盤力学では，対象となる土は練り返した正規圧密飽和土であった。しかし，技術者が扱うのはたいてい自然堆積した地盤であって，さらに正規圧密状態だけでなく過圧密状態の地盤である。したがって，このような過圧密状態も含めた自然堆積地盤の力学挙動の把握，そして記述が必要となる。本章では，タイトルにもある「構造」について説明するとともに，構造を有する土として自然堆積粘土と砂の典型的な挙動を示し，その力学挙動を，新たに「構造」を定義して説明する。さらに構造の概念から，砂と粘土の違いや液状化現象，固化材による改良土の力学挙動を解説する。

◆本章の構成（キーワード）

12.1 土の構造とは
　　ランダム構造，綿毛（めんもう）構造，分散構造，配向構造，カードハウス
12.2 自然堆積粘土の力学挙動
　　構造，自然堆積粘土，構造劣化（構造の低位化），巻き返し
12.3 緩詰めから密詰めまでの砂の力学挙動
　　緩詰め砂，中密詰め砂，密詰め砂，塑性膨張を伴う硬化挙動
12.4 構造の概念による各種力学挙動の整理
　　砂と粘土の違い，過圧密比，液状化，セメント改良土

◆本章を学ぶと以下の内容をマスターできます

☞　ミクロレベルでの粘土の構造
☞　正規圧密・過圧密状態の自然堆積粘土の力学挙動と構造概念による解釈
☞　緩詰めから密詰めまでの砂の力学挙動と構造概念による解釈
☞　砂と粘土の違いの土の構造概念による解釈
☞　土の構造概念による液状化のメカニズムの解釈
☞　土の構造概念によるセメント改良土の力学挙動の解釈

12.1 土の構造とは

土の構造に関する研究は，特に粘土を対象に行われており，古くはテルツァーギ，カサグランデの時代にまでさかのぼる。粘土の構造に関する用語を含めた説明は文献1)，2)に詳しい。ここでは文献1)にしたがって，土の構造の概要を説明する。粘土の構造を構成する最小の単位を**基本単位**（basic unit）と呼び，土粒子の団粒集合体である**ペッド**（ped），そのまわりの間隙である**ポア**（pore）から構成される。それら基本単位の配列の程度を**基本モデル**（basic model）と呼び，**図 12.1** に示すように**ランダム構造**（random structure），**綿毛構造**（flocculated structure），**分散構造**（dispersed structure）そして**配向構造**（oriented structure）に分類される。

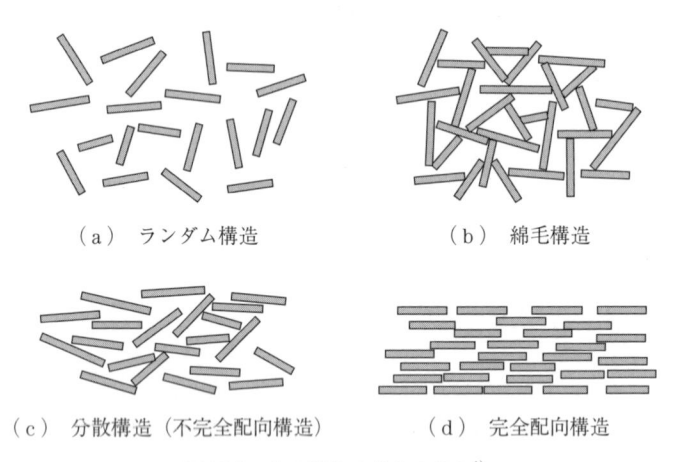

（a）ランダム構造　　　　（b）綿毛構造

（c）分散構造（不完全配向構造）　　（d）完全配向構造

図 12.1 土の構造の基本モデル[1]

基本モデルから自然堆積粘土の構造を表現するために，多くの研究者が実験的あるいは概念的に実体モデルを提案している†。粘土の構造に関するミクロの視点での研究については，観察機器の進歩に伴って今後も重要な事実が出てくるであろう。

---

† **カードハウス構造**（card house structure）も実体モデルの一つである。

12.2 自然堆積粘土の力学挙動

ここでは土の構造について，ミクロな視点ではなくマクロな意味での構造を定義する。自然堆積粘土の標準圧密試験を行うと，**図12.2**に示すように，同じ粘土を十分に練り返して作製した試料の圧縮線よりも上側，すなわち同じ鉛直有効応力に対して高い間隙比を有する圧縮線を示す。このような傾向は，既往の研究でも数多く報告されている。

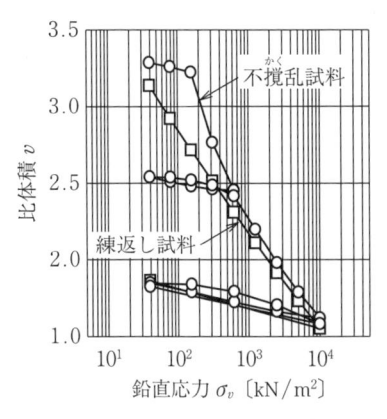

図12.2 不攪乱粘土と練返し粘土の圧縮特性

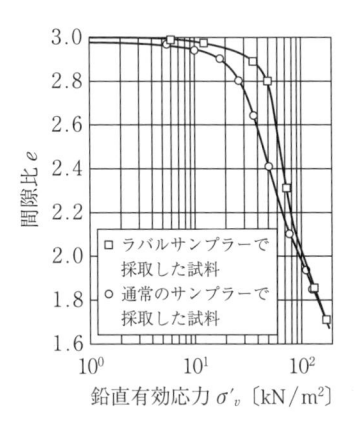

図12.3 乱れの少ない試料の圧縮特性[3]

図12.3は自然堆積地盤から採取された乱れの少ない試料とそうでない試料の圧密試験結果である[3]。一方は，ラバルサンプラーを用い，もう一方は一般口径のサンプラーを用いている。ラバルサンプラーとは，カナダのラバル大学で開発された大口径のサンプラーで，乱れの少ない高品質な試料を採取できるとして世界でも認められている。図12.3で示した試験結果では，図12.2の試験結果と同様の傾向が見られる。

時代はさかのぼるが，**図12.4**は**シュマートマン**[4]（Schmertmann）による圧縮曲線に及ぼす試料攪乱の影響を示している。試料の乱れの程度が大きくなるほど，圧縮線の傾きが減少し，やはり，図12.2と同様に，乱れの程度の小さい試料の圧縮線のほうが，乱れの程度の大きい圧縮線よりも上側に位置する。

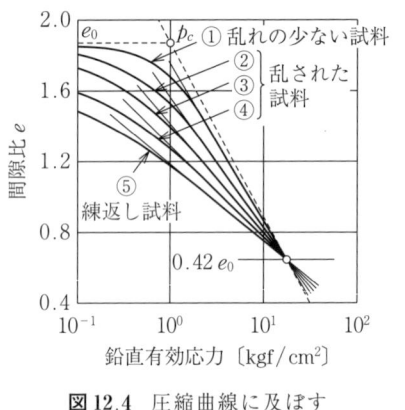

図 12.4 圧縮曲線に及ぼす試料攪乱の影響[4]

十分に練り返した土の正規圧密状態での圧縮線は，8章で示したように状態境界面であるロスコー面上に位置する。すなわち，圧縮線の上側は不可能領域であり，十分に練り返した土は圧縮線の上側に状態をとることができない。しかし，図 12.2〜図 12.4 に示すように，乱れの少ない自然堆積粘土は十分に練り返した土の不可能領域に状態をとることができる。このように状態境界面と不可能領域における状態の違いを「構造」と定義する[5]。そして，状態境界面から状態が離れるほど「構造が高位」，近づくほど「構造が低位」と呼ぶ。

図 12.2〜図 12.4 では，鉛直応力が増加するにつれて，乱れの少ない粘土の圧縮線が練返し粘土の圧縮線に近づいている。これらを構造の概念から解釈すると，せん断（塑性変形）によって構造は低位化（劣化）していくといえる。また自然堆積粘土の圧縮線は，練返し粘土の圧縮線よりも傾きが大きい。練返し正規圧密粘土の1次元圧密における圧縮線は，4章で示したように e-$\log p$ 関係を示すことから，構造の劣化は，e-$\log p$ 関係で示される圧縮量と区別してさらに圧縮を伴うことがわかる[†]。

構造を有する粘土の特徴である，圧密降伏応力付近の鉛直応力による沈下挙動に注目する。**図 12.5** は自然堆積粘土の荷重ごとの沈下速度を示している[6]。曲線の先端の数字が荷重の値 $[kN/m^2]$ を表し，圧密降伏応力付近の鉛直応力は $90 \sim 109\,kN/m^2$ あたりになる。この鉛直応力において，沈下速度は減少したあと増加し，また減少している。一方，圧密降伏応力付近以外の鉛直荷重では，沈下速度は徐々に減少するのみで，増減は起こらない。圧密降伏応力付

[†] 正確には，構造の劣化は塑性圧縮を伴う。

12.2 自然堆積粘土の力学挙動

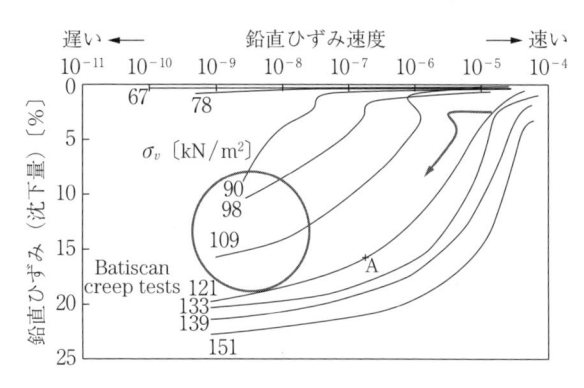

図 12.5 自然堆積粘土の荷重ごとの沈下速度[6]

近での鉛直応力では沈下が加速しているのである。

図 12.6, 図 12.7 には, 大阪湾で採取した洪積粘土層 (Ma 12 層) の不攪乱試料に対し, 拘束圧を二通り (等方圧 98, 490 kN/m^2) に変化させて行った圧密非排水三軸圧縮試験結果を示す[7]。図 12.6 は, 等方圧 98 kN/m^2 の過圧密状態でのせん断試験結果である。軸差応力のピークから軟化挙動にかけて,「巻き返し」と呼ばれる挙動を示す。図 12.7 は, 等方圧 490 kN/m^2 の正規圧密状態でのせん断試験結果である。軸ひずみ ε_a が 2〜3 % で軸差応力 q はピークを迎え, その後減少している。これらは構造の劣化を伴う挙動であり, 9 章で示した練返し粘土の圧密非排水せん断試験 (表 9.1 の I, III) とは異なる挙動を示していることがわかる。

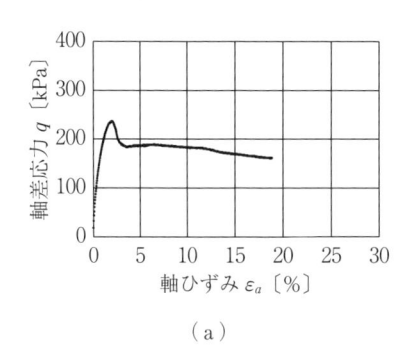

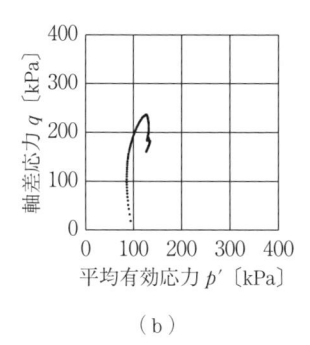

(a)

(b)

図 12.6 過圧密状態の自然堆積粘土の非排水せん断挙動[7]

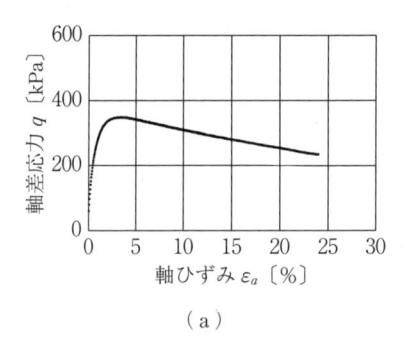

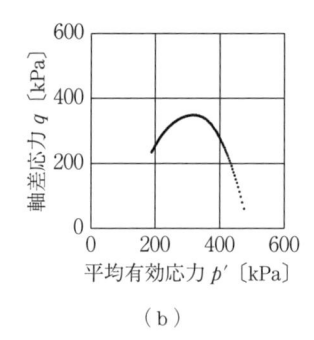

図 12.7　正規圧密状態の自然堆積粘土の非排水せん断挙動[7]

12.3　緩詰めから密詰めまでの砂の力学挙動

前節で示した考え方に準拠すると，砂の挙動も同様に構造の概念で解釈することができる。相対密度の小さい緩詰め砂は構造が高位な状態であり，相対密度の大きい密詰め砂は構造が低位な状態である。さらに，緩詰め砂は正規圧密状態に近く，密詰め砂は超過圧密状態とみなすことができる。ここでは珪砂を用い，等方圧 294 kPa で初期相対密度を変化させた 3 種類の砂（緩詰め，中密詰め，密詰め）の圧密非排水せん断試験結果を示す[8]。

図 12.8 には，緩詰め砂の非排水せん断挙動を示す。軸ひずみ ε_a が 1〜2％で軸差応力 q はピークを迎える。しかし粘土と違い，その後，有効応力経路に

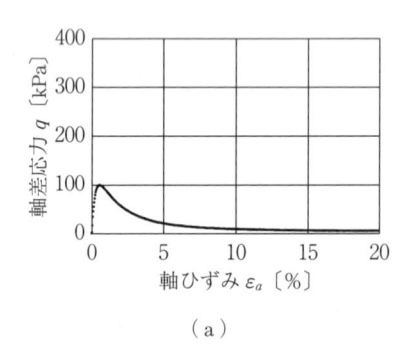

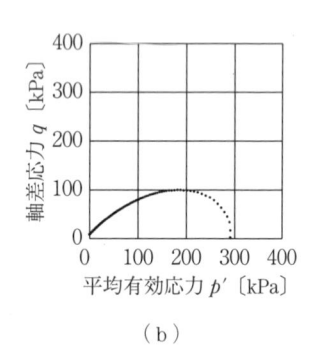

図 12.8　緩詰め砂の非排水せん断挙動[8]

12.3 緩詰めから密詰めまでの砂の力学挙動

おいて原点近くにまで到達している。

図12.9には，中密詰め砂の非排水せん断挙動を示す。軸ひずみ ε_a が $1 \sim 2$ %で q がピークを示して軟化した後，q が再度上昇する。有効応力経路から，q が再度上昇している間に平均有効応力 p' も増加しており，式 (9.24) より弾性体積ひずみ ε_v^e も増加する。すると

$$\varepsilon_v = \varepsilon_v^e + \varepsilon_v^p \tag{12.1}$$

より，非排水せん断試験であるから，塑性体積ひずみ ε_v^p は減少することになる。すなわち，塑性的に膨張しながら q が再度上昇（硬化）する。

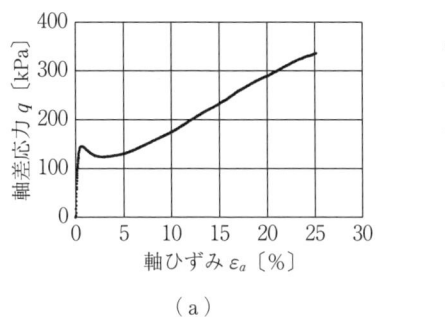

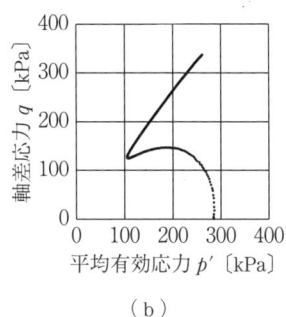

(a)　　　　　　　　　　(b)

図12.9 中密詰め砂の非排水せん断挙動[8]

図12.10には，密詰め砂の非排水せん断挙動を示す。q のピークは示さないものの，同じく軸ひずみ ε_a が $1 \sim 2$ %以降で，塑性膨張を伴う硬化挙動を示している。

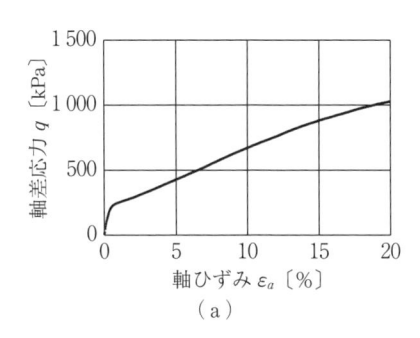

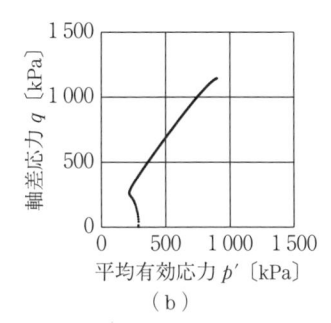

(a)　　　　　　　　　　(b)

図12.10 密詰め砂の非排水せん断挙動[8]

12.4 構造の概念による各種力学挙動の整理

〔1〕 砂と粘土の違い　砂や粘土の研究は地盤力学の主流であり，いうまでもなく今までに数多く実施され，重要な結論がいくつも導かれている。それらすべてを示すことはできないので，ここでは一つのアプローチとして，砂と粘土の違いを構造の概念から解釈した研究を紹介する。12.3節でも示したように，拘束圧が同じでも相対密度を容易に変えられるのが砂の大きな特徴である。すなわち，緩く詰めた砂に対し，小さな振動を与えることにより容易に密に詰めることができる。一方，粘土は小さな振動では密度を大きくすることはできない。粘土は，荷重を与えて水を搾り出すことにより圧縮し，密度が大きくなる[†1]。緩詰め砂は高位な構造を有し，密詰め砂は低位な構造となることを考慮すると，砂はせん断により構造が劣化しやすいといえる。

また図12.2の自然堆積粘土の標準圧密試験から，鉛直応力の3段階目以降，圧縮線の勾配は急増する。この3段階目の鉛直応力あたりが圧密降伏応力と呼ばれ，それよりも小さい応力状態は過圧密状態である。すなわち，粘土はせん断を受けると最初に過圧密が解消して正規圧密状態になり，その後，構造劣化が進行し，大圧縮を起こす。

以上をまとめると，砂は構造が速く劣化し，逆に粘土は過圧密が速く解消し正規圧密状態になってから，その後構造が劣化する。砂と粘土は，構造の働きからこのような違いが示される[†2]。図12.6と図12.9を比較すると，両者とも構造と過圧密を有する土であるが，砂と粘土でその挙動は大きく異なる。図12.6に示す粘土の巻き返し挙動については，軸差応力 q はピークを迎え，その後減少している。粘土に関しては，過圧密の解消に伴って q は上昇し，その後構造の劣化に伴って q は減少するのである。一方，図12.9の中密詰め砂は，

[†1] したがって，砂は「締固め材料」，粘土は「圧密材料」と呼ばれる。

[†2] このような構造や過圧密および異方性を総称して土の骨格構造と呼ぶが，その状態の変化を考慮した弾塑性構成モデルが提案されている[5]。

q がピークを示し,構造の劣化に伴って q が減少した後,過圧密の解消に伴って q が再度増加する.

〔2〕 **砂の液状化**　**液状化現象**(liquefaction)とは,地震時に地下水位の高い砂地盤が固体状から液体状になる現象で,近年では,地震地盤災害の一つとして,一般の人たちにも知られるようになってきている.液状化現象が特に国内で注目されるようになったのは 1964 年の新潟地震であり,地震により新潟空港ターミナルビル入口付近での噴砂や支持力喪失によるアパートの沈下や倒壊などの被害が起こった.

液状化のメカニズムは,さまざまな文献に詳しいが,一般には,緩く堆積した砂が,地震のように排水できないぐらい速い振動を受けると,過剰間隙水圧が上昇し,有効応力が 0 となって,液体状になるといわれる.しかし液状化のメカニズムを説明する上で認識しておくべき重要なことは,砂の液状化と砂の締固めは同じメカニズムで起こるということである.砂の締固めとは,境界を間隙水の移動が十分にできるくらいゆっくりとした振動で起こる砂の体積圧縮(砂のゆすりこみ沈下)のことである.さらに砂の初期状態としては,振動によって一気に圧縮するような緩詰め砂の状態のほうが,より液状化が起こりやすい.このような特徴を考慮した計算の一例を挙げる.**図 12.11** には,緩詰め砂の締固め挙動の解析結果を示す[8].初期に高位な構造を有することで緩詰め砂を表現し,締固め履歴として側圧一定の排水繰返し計算を行うことにより,緩詰め砂から密詰め砂までの締固め挙動を表現している.**図 12.12** には,緩詰め砂の非排水繰返し計算結果を示す[8].有効応力経路より,せん断とともに有効応力が減少して原点に向かっており,液状化を表現している.以上の計算結果を踏まえて,構造の概念を意識して書き加えた液状化のメカニズムは以下のとおりである.

「十分な水が含まれている状態にあり,境界への水の出入りが困難である高位な構造の砂地盤に地震が発生すると,振動により構造が劣化し,砂地盤は大きく圧縮しようとする(正のダイレイタンシー).しかし,地盤の境界でほとんど水が出入りできないと,圧縮しようとする土骨格を間隙

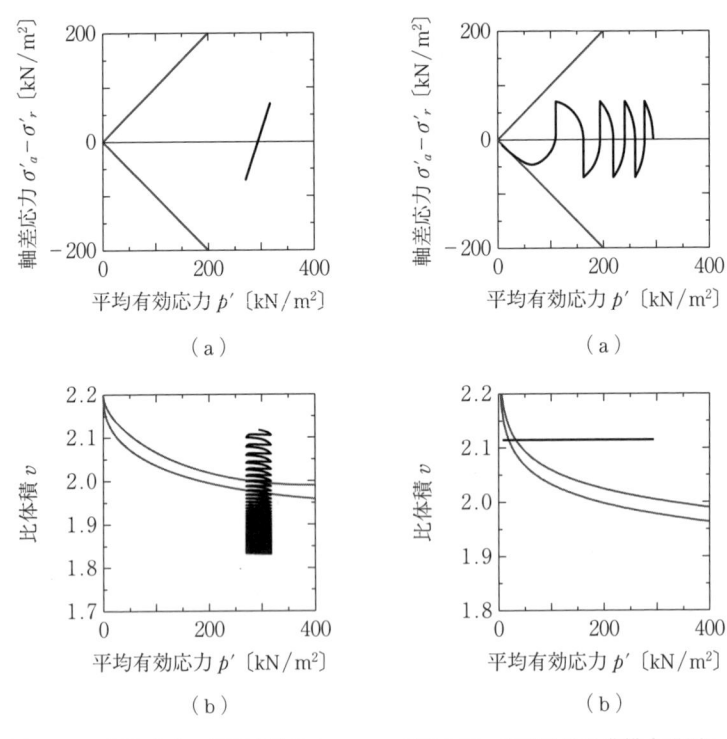

図 12.11 緩詰め砂の締固め挙動の解析結果[8]

図 12.12 緩詰め砂の非排水繰返し計算結果[8]

水圧が受けもつようになり，そのため正の過剰水圧が発生し，やがて有効応力が 0 となり，地盤内の砂粒どうしのかみ合いが外れ，あたかも水の中に砂粒が浮いた状態（液体状）になる。」

新潟地震以降，1995 年に発生した阪神淡路大震災において，砂だけではなく，風化した砂質土や火山性砂質土などにも液状化が起こることや，地震後の地盤の変形などが注目されるようになった。さらに 2011 年の東日本大震災において，千葉県浦安市などの埋立地での大規模な液状化現象では，砂地盤だけではなくシルト分を含む地盤の液状化が発生し，長周期地震動との関連を含めたメカニズムの解明が必要となっている。そのほか，再液状化現象など液状化現象に関連するメカニズムの解明が今後待たれる。

〔3〕 **セメントなどの固化材による改良土の表現**　建設発生土や港湾の浚渫土砂など，含水比が高くそのままでは地盤材料として利用できない場合，それらの材料を有効利用するための一つの方法として，セメントや石灰などの固化材を添加して強度を上げる地盤改良が行われる。その改良された土を土・地盤構造物へ適材適所に利用するには，改良された土の力学挙動を知ることが重要となる。固化材により改良された土の研究は盛んに行われているが，ここでは，構造の概念からセメント改良土の力学挙動を説明する。

セメント改良土は，液状を超える高い含水比の粘土とセメントを均質に混合して作製する。したがって，養生後のセメント改良土の間隙比は普通の粘土に比べて非常に高い。この状態は構造の概念からいうと，初期に高位な構造を有する土とみなすことができる。図 12.13 には，一例として浚渫土砂に添加量 C（改良土 $1\,\mathrm{m}^3$ に対するセメントの質量）を変えてセメントを混合して作製したセメント改良土に対し，標準圧密試験を行った結果を示す。初期比体積は非常に高く，セメント添加量が多くなるほど，圧縮性は小さく，圧密降伏応力は大きくなる。初期比体積が大きいにもかかわらず，セメントによる固化作用によって，せん断が作用しても大きな比体積を保つことができる。すなわち，セメント改良土は，セメントの添加によって初期に高位な構造を有し，過圧密比も高く，しかもせん断によって劣化しにくい構造の材料になったと考えることができる。

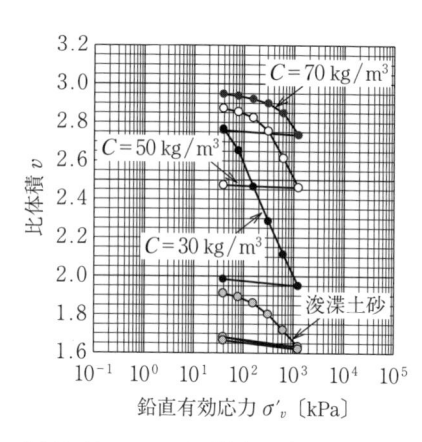

図 12.13 セメント添加量の違うセメント改良土の標準圧密試験

12. 構造を有する土の力学挙動

演習問題

〔12.1〕 構造を有する土と練返し土の違いを，本章で説明していない項目について調べよ。

〔12.2〕 砂と粘土の違いを，本章で説明していない項目について列挙せよ。

〔12.3〕 新潟地震以降における砂地盤の液状化の被害をまとめよ。

〔12.4〕 液状化対策工法を列挙し，説明せよ。

引用・参考文献

まえがき

1) Bishop, A. W. and Henkel, D. J.：The measurement of soil properties in the triaxial test, Edward Arnold, London（1962）
2) Atkinson, J. H. and Bransby, P.L.：The mechanics of soils ─ An Introduction to Critical State Soil Mechanics, McGraw-Hill（1978）
3) 髙橋章浩：地盤工学, コロナ社（2011）

1章

1) 塩野七生：すべての道はローマに通ず ─ ローマ人の物語 X, 新潮社（2001）
2) 土木学会編：土木学会パンフレット（2002年版）
3) 地盤工学会編：人の暮らしを環境を支えるチカラ ─ 学会案内2010, 地盤工学会（2010）
4) 地盤工学会編：地盤工学用語辞典, 地盤工学会（2006）
5) 髙橋章浩：地盤工学, コロナ社（2011）
6) 日下部 治：土質力学, コロナ社（2004）

2章

1) 三笠正人：土の工学的性質の分類表とその意義, 土と基礎, Vol. 12, No. 4, pp. 17-24（1964）
2) 山口柏樹：土質力学（全改訂）, 技報堂出版（1984）
3) 地盤工学会編：地盤工学用語辞典, 地盤工学会（2006）
4) 地盤工学会編：地盤材料試験の方法と解説, pp. 55-57, 地盤工学会（2009）
5) 渡辺 進, 渡辺崇博, 奥村樹郎：軟弱土の工学的特性, 軟弱地盤ハンドブック, 建設産業調査会（1981）
6) Skempton, A. W.：Notes on the Compressibility of clays, Q. J. Geological Society, pp. 119-135（1944）
7) Skempton, A. W.：The Colloidal Activity of Clays, Proc. 3rd Int. Conf. on Soil Mechanics and Foundation Engineering, Zurich, Vol. 1, pp. 57-61（1953）
8) Casagrande, A.：The Structure of Clay and its Importance in Foundation Engineering, Contribution to SM, Boston Soc. Civ. Engrs.（1932）

9) Inagaki, H., Nakano, M., Noda, T. and Asaoka, A : Proposal of a Simple Method for Judging Naturally Deposited Clay Grounds Exhibiting Large Long-term Settlement due to Embankment Loading, Soils and Foundations, Vol. 50, No. 1, pp. 109-122 (2010)

4章

1) リチャード・E・グッドマン著，赤木俊允訳：土質力学の父 カール・テルツァーギの生涯 — アーティストだったエンジニア，地盤工学会 (2006)
2) Nadarajah, V. : Stress-strain properties of lightly overconsolidated clays, PhD Thesis, Cambridge University (1973)
3) Atkinson, J. H. and Bransby, P. L. : The mechanics of soils — An Introduction to Critical State Soil Mechanics, McGraw-Hill (1978)

6章

1) Asaoka, A. : Observational procedure of settlement prediction, Soils and Foundations, Vol. 18, No. 4, pp. 87-101 (1978)

7章

1) Roscoe, K. H., Schofield, A. N. and Wroth, C. P. : On the yielding of soils, Geotechnique, Vol. 8, pp. 22-53 (1958)

8章

1) 地盤工学会編：土質試験 — 基本と手引き(第一回改訂版)，地盤工学会 (2008)
2) 地盤工学会編：地盤材料試験の方法と解説，pp.572-583，地盤工学会 (2010)
3) Amerasinghe, S. F. : The stress-strain behaviour of clay at low stress levels and high overconsolidated ratio, PhD Thesis, Cambridge University (1973)
4) Atkinson, J. H. and Bransby, P. L. : The mechanics of soils — An Introduction to Critical State Soil Mechanics, McGraw-Hill (1978)

9章

1) Bishop, A. W. and Henkel, D. J. : The measurement of soil properties in the triaxial test, Edward Arnold, London (1962)

2) Atkinson, J. H. and Bransby, P. L.：The mechanics of soils — An Introduction to Critical State Soil Mechanics, McGraw-Hill (1978)
3) Parry, R. H. G.：Triaxial compression and extension tests on remoulded saturated clay, Geotechnique, 10, pp. 166-180 (1960)
4) Henkel, D. J.：The shear strength of saturated remoulded clay, Proceedings of Research Conference on Shear strength of Cohesive Soils at Boulder, Colorado, pp. 533-540 (1960)

10章

1) Asaoka, A., Noda, T., Yamada, E., Kaneda, K. and Nakano, M.：An elasto-plastic description of two distinct volume change mechanisms of soils, Soils and Foundations, Vol. 42, No. 5, pp. 47-57 (2002)
2) Roscoe, K. H., Schofield, A. H. and Thurairajah, A.：Yielding of clays in states wetter than critical, Geotechnique, Vol. 13, pp. 211-240 (1963)
3) Wood, D. M.：Soil Behaviour and Critical State Soil Mechanics, Cambridge University (1990)
4) Henkel, D. J.：The shear strength of saturated remoulded clay, Proceedings of Research Conference on Shear strength of Cohesive Soils at Boulder, Colorado, pp. 533-540 (1960)

11章

1) Proctor, R. R.：Fundamental Principles of Soil Compaction, Engineering News Record. Vol. 111 (1933)
2) 地盤工学会編：地盤工学用語辞典，地盤工学会（2006）
3) 地盤工学会編：土質試験— 基本と手引き(第一回改訂版)，地盤工学会（2008）
4) 河上房義，柳澤栄司：土の締固め，鹿島出版会（1975）
5) 三国栄四郎：フィルタイプダムしゃ水壁材料の性質と締固めに関する研究（その1），土と基礎，Vol. 10, No. 1, pp. 4-12（1962）
6) 日本道路協会編：道路土工— 盛土工指針（平成22年度），丸善（2010）
7) 横田聖哉，石田誠幸，髙木宗男：駿河湾の地震における高速道路盛土の被害調査報告，第45回地盤工学研究発表会，pp. 1493-1494（2010）
8) 地盤工学会北陸支部ら：2007年能登半島地震被害調査報告書，pp. 20-21, pp. 48-49（2007）
9) 久野悟郎：締固めと力学特性の相関，土と基礎，Vol. 22, No. 4, pp. 6-10（1974）

10) 地盤工学会編：地盤調査の方法と解説，地盤工学会（2004）
11) 東日本高速道路，中日本高速道路，西日本高速道路：土工施工管理要領（第5版）高速道路総合技術研究所（2011）
12) 国土交通省東北地方整備局：ウェブページ「TS・GPS を用いた盛土の締固め情報化施工管理要領（案）平成 15 年 12 月」
http://www.thr.mlit.go.jp/bumon/b00097/k00910/kyoutuu/ts%20gps%20honbun.pdf（2011 年 12 月現在）
13) 地盤工学会編：地盤材料試験の方法と解説，p. 382，地盤工学会（2010）

12章

1) 松尾新一郎，嘉門雅史：粘土の構造に関する用語について，土と基礎，Vol. 24，No. 1，pp. 59-64（1976）
2) 嘉門雅史，前田 隆：講座—土の物理化学と土質力学への応用 4．土の構造，土と基礎，Vol. 33，No. 7，pp. 73-79（1985）
3) Leroueil, S.：Compressibility of clays; fundamental and practical aspects, J. of Geotech. Eng., ASCE, Vol. 122, No. 7, pp. 534-543（1996）
4) Schmertmann, J. H.：Estimating the True Consolidation Behavior of a Clay from Laboratory Test Results, Trans. ASCE, Vol. 79, No. 311, pp. 1-26（1953）
5) Asaoka, A., Nakano, M. and Noda, T.：Superloading yield surface concept for highly structured soil behavior, Soils and Foundations, No. 40, Vol. 2, pp. 99-110（2000）
6) Leroueil, S., Kabbaj, M., Tavenas, F.：Stress-strain-strain rate relation for the compressibility of sensitive natural clays, Geotechnique, Vol. 35, No. 2, pp. 159-180（1985）
7) Nakano, M., Nakai, K., Noda, T. and Asaoka, A.：Simulation of shear and one-dimensional compression behavior of naturally deposited clays by Super／subloading Yield Surface Cam-clay model, Soils and Foundations, Vol. 45, No. 1, 141-151（2005）
8) 中井健太郎：構造・過圧密・異方性の発展則に基づく土の弾塑性構成式の開発とその粘土，砂，特殊土への適用性に関する基礎的研究，名古屋大学学位論文（2005）

演習問題解答

1章

〔1.1〕〜〔1.5〕 略。

2章

〔2.1〕 土粒子密度 $\rho_s = m_s/V_s$ を求める際は，土粒子体積 V_s の求め方が鍵となる。m_s は対象とする土試料を炉乾燥に入れて，完全乾燥状態にすることによって求めることができる。

解図 2.1 のようにピクノメータを用いて土粒子部分と同体積の水の質量を求めると，土粒子体積 V_s は以下のように求めることができる。

$$V_s = \frac{m_s + m_a - m_b}{\rho_w}$$

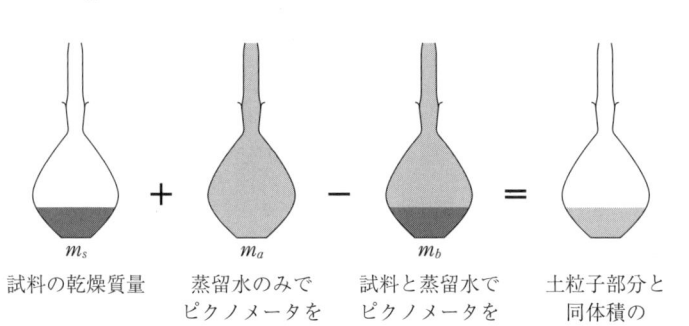

m_s	m_a	m_b	
試料の乾燥質量	蒸留水のみでピクノメータを満たした際の質量	試料と蒸留水でピクノメータを満たした際の質量	土粒子部分と同体積の蒸留水の質量

解図 2.1

〔2.2〕
$$S_r = \frac{V_w}{V_v} \times 100 = \frac{\dfrac{V_w}{V_s}}{\dfrac{V_v}{V_s}} \times 100 = \frac{V_w}{eV_s} \times 100 = \frac{\dfrac{m_w}{\rho_w}}{e\dfrac{m_s}{\rho_s}} \times 100 = \frac{\rho_s}{\rho_w} \dfrac{m_w}{m_s} \times 100$$

$$= \frac{\rho_s w}{e \rho_w}$$

〔2.3〕 例えば，以下のような方法がある。
① 内容積のわかっている円筒／直方体容器内に土を詰める。
② 土を水銀中に押し込み，排除された水銀の体積を重量測定から求める。

③ 土にパラフィンを塗り，全体積を水中置換法で求め，加熱溶融させて測ったパラフィンの体積を引くなど．

なお，土の体積の測定は，土の重さに比べて測定精度は低くなってしまうことに注意が必要である．

〔2.4〕 略．

3章

〔3.1〕 境界条件として

$$x = x_1 \quad \text{で} \quad \sigma(x) = q \tag{1}$$

とする．式 (3.13) は積分して $\sigma(x) = C$（一定），積分定数 C は式(1)から $C = q$ となる．そうすると

$$x = x_2 \quad \text{で} \quad \sigma(x) = q$$

だから，図 3.1 の右端の条件は正しく描かれていたことがわかる．

力のつり合いの微分方程式が他の条件なしに単独で[†1]積分できるとき，その力のつり合いは静定であるという．

〔3.2〕 力のつり合いは

$$\sigma(x_2)\boldsymbol{i} + \sigma(x_1)(-\boldsymbol{i}) = \boldsymbol{0} \tag{1}$$

$$\therefore \quad \sigma(x_2) - \sigma(x_1) = 0 \tag{2}$$

$\sigma(x)$ は x の連続関数とすると，微分積分学の基本定理から，式(2)は次式で表される．

$$\sigma(x_2) - \sigma(x_1) = \int_{x_1}^{x_2} \frac{d\sigma}{dx} dx = 0 \tag{3}$$

$x_1 < x < x_2$ を満たすどのような x でもこの関係は成立するので，被積分関数が 0，すなわち

$$\frac{d\sigma}{dx} = 0$$

となる（証明終）．式(3)は式(1)のように，ベクトル記号を付けると

$$\int_{x_1}^{x_2} \left(\frac{d\sigma}{dx}\boldsymbol{i}\right) dx = \sigma(x_2)\boldsymbol{i} - \sigma(x_1)\boldsymbol{i} = \sigma(x_2)\boldsymbol{i} + \sigma(x_1)(-\boldsymbol{i}) = \boldsymbol{0} \tag{4}$$

となる．ここに

$$\boldsymbol{i}\frac{d}{dx}$$

は勾配作用素[†2]の 1 次元版であり，式(4)はグリーン・ガウスの定理の「1 次元版」である．

---

†1 「構成式を用いずに」の意味．
†2 $\nabla = \boldsymbol{i}\partial/\partial x + \boldsymbol{j}\partial/\partial y + \boldsymbol{k}\partial/\partial z$ の 1 次元版．

演 習 問 題 解 答

〔3.3〕 力のつり合いは
$$\sigma(x)(-\boldsymbol{i}) + \sigma(x+dx)\boldsymbol{i} + \rho g dx\, \boldsymbol{i} = 0$$
したがって
$$\sigma(x)(-\boldsymbol{i}) + \sigma(x)\boldsymbol{i} + \frac{d\sigma(x)}{dx}dx\,\boldsymbol{i} + \rho g dx\,\boldsymbol{i} = 0, \quad \left(\frac{d\sigma(x)}{dx} + \rho g\right)dx\,\boldsymbol{i} = 0$$
$$\therefore \quad \frac{d\sigma(x)}{dx} + \rho g = 0$$
反対向きを正にとった場合は
$$\sigma(x+dx)\boldsymbol{i} + \sigma(x)(-\boldsymbol{i}) + \rho g dx(-\boldsymbol{i}) = 0$$
$$\therefore \quad \frac{d\sigma(x)}{dx} - \rho g = 0$$

〔3.4〕 **解図** 3.1 参照。

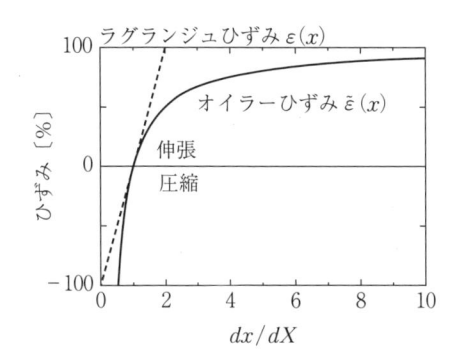

解図 3.1 ラグランジュひずみとオイラーひずみ

4章

〔4.1〕 **解図** 4.1 参照。水圧分布も全応力分布も q だけ平行移動する。有効応力分布は載荷前後で変わらない。

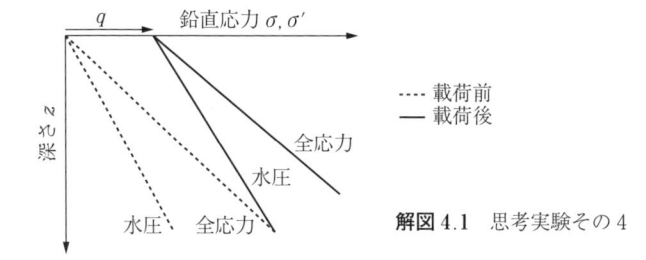

解図 4.1 思考実験その 4

〔4.2〕 （1） $1.68\,\mathrm{t/m^3}$　（2） $1.99\,\mathrm{t/m^3}$　（3） $130.1\,\mathrm{kN/m^2}$　（4） $143.6\,\mathrm{kN/m^2}$　（5） 有効土被り圧が増加するので，沈下する。

〔4.3〕 沈下量 $0.13\,\mathrm{m}$　（深さによらず，間隙比は一定と仮定している。）

〔4.4〕 工事による粘土層の中央深さでの有効土被り圧の変化に注目する。

$$\rho_f = \frac{0.4}{2.8}\log\frac{78.3}{62.7}\times 2.0 = 0.028\,\mathrm{m} \quad よって 2.8\,\mathrm{cm}$$

5章

〔5.1〕 略。

〔5.2〕 $\nabla\times v = \nabla\times(-k\nabla h) = (-k)\nabla\times\nabla h = 0$

〔5.3〕 $k = H\Big/\sum_{i=1}^{n}(H_i/k_i)$，砂地盤に透水係数の低い粘土層（$k=k_{\min}$，層厚 $H=H_{\min}$）が噛んでいるような場合は，$k \cong (H/H_{\min})k_{\min}$ となる。

〔5.4〕 $k = \sum_{i=1}^{n}(H_i/H)k_i$，粘土地盤に透水係数の高い粘土層（$k=k_{\max}$，層厚 $H=H_{\max}$）が噛んでいるような場合は，$k \cong (H_{\max}/H)k_{\max}$ となる。

〔5.5〕
（1） 1.0　（2） $10.0\,\mathrm{cm}$　（3） $90\,\mathrm{gf/cm^2} = 8.82\,\mathrm{kN/m^2}$

6章

〔6.1〕 略。

〔6.2〕 式 (6.65) に対し，時間微分すると

$$\dot{\rho}(t) = -m_v\int_0^H\frac{\partial u_e(z,t)}{\partial t}dz = -m_v\int_0^H c_v\frac{\partial^2 u_e(z,t)}{\partial z^2}dz = -\frac{k}{\gamma_w}\left[\frac{\partial u_e(z,t)}{\partial z}\right]_0^H$$

$$= v_w\big|_{z=H} - v_w\big|_{z=0}$$

〔6.3〕 式 (6.60) の $T_v = (c_v/H^2)t$ より

$$0.848 \times \frac{10^6}{84.8} = 10\,000\,日$$

〔6.4〕 $3.14\times 10^{-3}\,\mathrm{cm^2/s}$

〔6.5〕 等しい。

〔6.6〕 4倍

7章

〔7.1〕 （ヒント）三軸条件での有効応力テンソルの表現行列は式 (7.5) に示され

る。また，偏差応力テンソルの表現行列は

$$[S] = \begin{pmatrix} \sigma'_1 & 0 & 0 \\ 0 & \sigma'_3 & 0 \\ 0 & 0 & \sigma'_3 \end{pmatrix} - p' \begin{pmatrix} 1 & 0 & 0 \\ 0 & 1 & 0 \\ 0 & 0 & 1 \end{pmatrix} = \begin{pmatrix} 2/3 \cdot (\sigma'_1 - \sigma'_3) & 0 & 0 \\ 0 & 1/3 \cdot (\sigma'_1 - \sigma'_3) & 0 \\ 0 & 0 & 1/3 \cdot (\sigma'_1 - \sigma'_3) \end{pmatrix}$$

で表される。

〔7.2〕 (ヒント) 問題〔7.1〕と同様にして，偏差ひずみテンソルの表現行列は

$$[e] = \begin{pmatrix} \varepsilon_1 & 0 & 0 \\ 0 & \varepsilon_3 & 0 \\ 0 & 0 & \varepsilon_3 \end{pmatrix} - \frac{1}{3}\varepsilon_v \begin{pmatrix} 1 & 0 & 0 \\ 0 & 1 & 0 \\ 0 & 0 & 1 \end{pmatrix} = \begin{pmatrix} 2/3 \cdot (\varepsilon_1 - \varepsilon_3) & 0 & 0 \\ 0 & -1/3 \cdot (\varepsilon_1 - \varepsilon_3) & 0 \\ 0 & 0 & -1/3 \cdot (\varepsilon_1 - \varepsilon_3) \end{pmatrix}$$

で表される。

〔7.3〕 主応力が-2のとき，主軸は$(\sqrt{2}/2) \times (0\ 1\ -1)$，主応力が$1$のとき，主軸は$(\sqrt{3}/3) \times (1\ -1\ -1)$，主応力が$4$のとき，主軸は$(\sqrt{6}/6) \times (2\ 1\ 1)$。

$$t = \frac{1}{2}\begin{pmatrix} 3+\sqrt{3} \\ 1 \\ 1+2\sqrt{3} \end{pmatrix}$$

〔7.4〕 応力パラメータp'，qおよびひずみパラメータε_vとε_sは，式(7.21)，(7.22)，(7.24)，(7.25)で表される。式(7.25)に対し$\varepsilon_{22} = \varepsilon_2 = \varepsilon_{33} = \varepsilon_3$とすると，式(7.20)が得られる。式(7.25)の係数については，$f(p', q)$を降伏関数(または塑性ポテンシャル，10.4節参照)，法線則を$\dot{\varepsilon}^p = \lambda(\partial f/\partial \sigma')$として，塑性仕事率$\dot{W}^p = \boldsymbol{\sigma}' \cdot \dot{\boldsymbol{\varepsilon}}^p = p'\dot{\varepsilon}^p_n + q\dot{\varepsilon}^p_s$となるように係数設定すると，係数$2/3$が導かれる。

8章

〔8.1〕 任意のベクトルを$\boldsymbol{n}$とすると

$$[\sigma']\boldsymbol{n} = p'[I]\boldsymbol{n} = p'\boldsymbol{n}$$

したがってp'は固有値(主値)，対応する固有ベクトル(主軸)は任意のベクトル$\boldsymbol{n}$となり，あらゆる方向が主軸となる。

〔8.2〕 (1) $\varepsilon_v|_B = 14.8\ \%$，$\varepsilon_v|_C = 16.7\ \%$ (2) $\varepsilon_v|_B = 11.5\ \%$
(3) 体積ひずみの基準(0とするときの応力状態)によって同じ比体積でもひずみの値が変わるため。

〔8.3〕 図4.13と図8.4を見比べる。また，式(4.32)の右辺第2項について

$$\lambda \ln \sigma'_v = -\lambda \ln \frac{1+2K_0}{3} + \lambda \ln \frac{1+2K_0}{3} + \lambda \ln \sigma'_v = -\lambda \ln \frac{1+2K_0}{3} + \lambda \ln p'$$

より，式 (4.32) は

$$v = v_\lambda - \lambda \ln \sigma'_v = \left(v_\lambda + \lambda \ln \frac{1+2\mathrm{K}_0}{3}\right) - \lambda \ln p'$$

となり，傾きは同じで平行移動した直線となる．

〔8.4〕 圧縮する．ダイレイタンシー効果のため．

9章

〔9.1〕 正規圧密粘土Ⅱ： $q_f = 196.7\,\mathrm{kN/m^2}$, $v_f = 1.58$
過圧密粘土Ⅳ： $q_f = 32.8\,\mathrm{kN/m^2}$, $v_f = 1.74$

〔9.2〕 正規圧密粘土供試体の初期状態を $p' = p'_0$, $v = v_0$ とする．側圧一定の排水三軸圧縮試験より，有効応力パスは傾き3の直線となる．したがって，破壊時の p'_f は，$(p'_f - p') : \mathrm{M}p'_f = 1 : 3$ より，$p'_f = 3p'_0 / (3 - \mathrm{M})$ となる．
初期状態の比体積 v_0 は，$v_0 = \mathrm{N} - \lambda \ln p'_0$
破壊時の比体積 v_f は，$v_f = \Gamma - \lambda \ln p'_f = \Gamma - \lambda \ln\{3p'_0/(3-\mathrm{M})\}$
したがって $\Delta v = v_0 - v_f = \mathrm{N} - \Gamma + \lambda \ln\{3/(3-\mathrm{M})\}$ となる．
右辺はすべて土固有の定数であり，拘束圧 p'_0 の影響を受けない（証明終）．

〔9.3〕 例えば，主応力表示のフックの法則を用いて

$$\begin{cases} \Delta\varepsilon_1 = \dfrac{1}{E}\{\Delta\sigma'_1 - v(\Delta\sigma'_2 + \Delta\sigma'_3)\} & (1) \\[6pt] \Delta\varepsilon_2 = \dfrac{1}{E}\{\Delta\sigma'_2 - v(\Delta\sigma'_3 + \Delta\sigma'_1)\} & (2) \\[6pt] \Delta\varepsilon_3 = \dfrac{1}{E}\{\Delta\sigma'_3 - v(\Delta\sigma'_1 + \Delta\sigma'_2)\} & (3) \end{cases}$$

それぞれ足し合わせると

$$\Delta\varepsilon_v = \frac{3(1-2\nu)}{E}\Delta p' = \frac{1}{K}\Delta p'$$

$((1) - (3)) \times (2/3)$ より

$$\Delta\varepsilon_s = \frac{2(1+\nu)}{3E}\Delta q = \frac{1}{3G}\Delta p'$$

〔9.4〕 式 (9.24) の $\Delta\varepsilon_v = (3/E)(1-2\nu)\Delta p' = \Delta p'/K$ において，非排水せん断は $\Delta\varepsilon_v$ が 0．したがって $\Delta p' = 0$ となり，p' の変化なしにせん断が進行する．

〔9.5〕 モールの応力円と破壊線から求めることができる．

10章

〔10.1〕 式 (10.30) に, $q/(Mp')=0$ のとき $n=N$, $q/(Mp')=1$ のとき $n=\Gamma$ を代入する。
$$n = \frac{\Gamma - N}{\ln 2} \ln\left\{1 + \left(\frac{q}{Mp'}\right)^2\right\} + N$$

〔10.2〕 （1）略。 （2）$q_f = 141.6\,\text{kN/m}^2$ （3）$q_f = 235.9\,\text{kN/m}^2$

〔10.3〕 弾性体積ひずみなので，式 (9.24) から p' の変化のみに注目する。式 (8.4) を用いて，ひずみの基準での応力状態を (p_0', v_0)，現応力状態を (p', v) とすると
$$\varepsilon_v^e = \frac{v_0 - v}{v_0} = \frac{\kappa}{v_0} \ln \frac{p'}{p_0'}$$

〔10.4〕 例えば，除荷過程において塑性ポテンシャルは変化しないなど。

11章

〔11.1〕 テルツァーギの有効応力の原理，フェレニウスの円弧すべり解析。

〔11.2〕 （1）〜（4）略。

〔11.3〕 式 (2.8)，(2.11) から間隙比 e を消去することにより得られる。

〔11.4〕 空気間隙率 v_a は，$v_a = 100\,V_a/V$ で定義される。式 (2.1)，(2.5)，(11.5) を用いることにより得られる。

〔11.5〕 現場での締固めは下層ほど締まらない。したがって砂置換法で密度を計測する際，地表面の浅い層のみの密度を計測すると，設計上危険側となる。

12章

〔12.1〕 略。

〔12.2〕 ①粒径，②透水性，③砂は ϕ 材，粘土は c 材，④圧縮性，⑤モデル化，⑥砂は同じ応力レベルで異なる比体積を容易に作製できる。粘土は一度，状態境界面上で状態が変わる必要がある。

〔12.3〕 略。

〔12.4〕 略。

索引

【あ】

アイソクローン
　isochrone　77

圧　縮
　compression　41

圧縮指数
　compression index　45

圧縮指数比
　compression index ratio　23

アッターベルグ限界
　Atterberg limit　16

圧　密
　consolidation　40

圧密係数
　coefficient of consolidation　75

圧密排水せん断試験
　consolidated drained test, CD test　117

圧密非排水せん断試験
　consolidated undrained test, $\overline{\text{CU}}$ test　117

圧力水頭
　pressure head　50

アトキンソン
　Atkinson　120

【い】

一軸圧縮試験
　unconfined compression test　23

位置水頭
　potential head　50

インフラストラクチャー
　infrastructure　2

【う】

運　動
　motion　28

【え】

鋭敏比
　sensitivity　21

液状化現象
　liquefaction　163

液性限界
　liquid limit　16

液性指数
　liquidity index　22

【お】

オイラー
　Euler　31

応　力
　stress　26

オーバーコンパクション
　overcompaction　149

【か】

過圧密土
　overconsolidated soil　45

過圧密比
　overconsolidation ratio, OCR　105

カサグランデ
　Casagrande　17

活性度
　activity　17

過転圧
　overcompaction　149

カードハウス構造
　card house structure　156

可能領域
　possible state　44

間隙水圧
　pore water pressure　35

間隙水の移動
　pore water migration　119

間隙比
　void ratio　9

間隙率
　porosity　9

含水比
　water content　9

完全排水条件
　fully drained condition　120

【き】

基準配置
　reference configuration　28

基本単位
　basic unit　156

基本モデル
　basic model　156

曲率係数
　coefficient of curvature　15

均等係数
　uniformity coefficient　15

【く】

クイックサンド
　quick sand　67

クロネッカーのデルタ
　Kronecker delta　97

クーロンの破壊基準
　Coulomb's failure criterion　111

【け】

結合水
　bound water　16

限界状態
　critical state　126

限界状態線
　critical state line, CSL　126

限界動水勾配
　critical hydraulic gradient　67

現配置
 current configuration 28

【こ】

硬　化
 hardening 104, 142
降伏曲面
 yield surface 140
降伏点
 yield point 104
コーシー
 Cauchy 28
 ——の応力公式
  Cauchy's formula 88
 ——の応力テンソル
  Cauchy's stress tensor 88
コンシステンシー
 consistency 15
コンシステンシー限界
 consistency limit 16
コンシステンシー指数
 consistency index 22

【さ】

載　荷
 loading 43
再載荷
 reloading 43
最大乾燥密度
 maximum dry density 144
最適含水比
 optimum water content 144
細粒分
 fine fraction 14

【し】

時間係数
 time factor 81
軸差応力
 deviator stress 92
地　盤
 ground 2

地盤構造物
 geotechnical structure 2
地盤力学
 geotechnical mechanics 3
自明解
 trivial solution 79
締固め
 compaction 15
締固め曲線
 compaction curve 144
若干過圧密な土
 lightly overconsolidated soil 129
収縮限界
 shrinkage limit 16
自由水
 free water 15
集中粒径の土
 uniformly graded soil 15
シュマートマン
 Schmertmann 157
状態境界面
 state boundary surface 129
除　荷
 unloading 43
初期条件
 initial condition 76
処女圧縮曲線
 virgin compression line 105
シルト
 silt fraction 14
浸潤線
 phreatic line 54
浸　透
 seepage 50
浸透力
 seepage force 65

【す】

水中単位体積重量
 submerged unit weight 36
垂直応力
 normal stress 90

水　頭
 head 50
スケンプトン
 Skempton 17, 121
砂
 sand fraction 14
スレーキング
 slaking 148

【せ】

正規圧密状態
 normally consolidated state 119
正規圧密線
 normal consolidation line, NCL 105
正規圧密土
 normally consolidated soil 45
静止土圧係数
 coefficient of earth pressure at rest 42
静水圧
 hydrostatic pressure 50
石　分
 stone fraction 18
ゼロ空気間隙曲線
 zero air voids curve 145
全応力
 total stress 36
全応力経路
 total stress path 118
せん断応力
 shear stress 90
せん断弾性係数
 elastic shear modulus 130
全地球航法衛星システム
 Global Navigation Satellite Systems, GNSS 152

【そ】

相対密度
 relative density 21

索　引

【そ】

総和規約　summation convention　97
速度水頭　velocity head　51
塑性限界　plastic limit　16
塑性指数　plasticity index　16
粗粒分　coarse fraction　14

【た】

体積圧縮係数　coefficient of volume compressibility　73
体積弾性係数　elastic bulk modulus　130
ダイレイタンシー　dilatancy　106
ダルシー則　Darcy's law　52
単位体積重量　unit weight　36
単純せん断　pure shear　93
弾性体　elastic material　45
弾塑性体　elasto-plastic material　45

【ち】

力のつり合い式　equation of equilibrium　27
中立応力　neutral stress　40
超過圧密状態　heavily overconsolidated state　119

【て】

適合条件式　compatibility condition　31
転圧　roller compaction　144

【と】

等含水比線　contours of constant water content　128
等時曲線　isochrone　77
透水　seepage　50
透水係数　coefficient of soil permeability　52
動水勾配　hydraulic gradient　52
等方圧縮　isotropic compression　100
等ポテンシャル線　equipotential line　58
土被り圧　overburden pressure　12
土骨格　soil skeleton　8
土質材料　soil material　13
土木工学　civil engineering　2
土粒子　soil particle　4
土粒子密度　soil particle density　9

【な】

内部摩擦角　internal friction angle　111
軟化　softening　142

【ね】

練返し　remold　22
練返し粘土　remolded clay　43

【ね】

粘着力　cohesion　111
粘土　clay fraction　14
粘土鉱物　clay mineral　17

【は】

背圧　back pressure　116
配向構造　oriented structure　156
排水境界　drained boundary　76

【ひ】

比重　specific gravity　9
微小ひずみテンソル　infinitesimal strain　95
ビショップ　Bishop　120
比体積　specific volume　9
非排水応力経路　undrained stress path　138
非排水境界　undrained boundary　76
非排水条件　undrained condition　119
非排水せん断　undrained shear　112
非排水せん断強度　undrained shear strength　112
表面力　traction force　25

【ふ】

不可能領域　impossible state　44
物質点　material point　28

索　引

部分排水せん断
　partially drained shear　*131*
プラントル
　Prandtl　*113*
分級された土
　poorly-graded soil　*15*
分散構造
　dispersed structure　*156*

【へ】

平均有効応力
　mean effective stress　*92*
平均粒径
　mean grain size　*15*
ヘッド
　head　*50*
ペッド
　ped　*156*
ベルヌーイ
　Bernouilli　*51*
変位
　displacement　*28*
変形勾配テンソル
　deformation gradient tensor　*29*
ヘンケル
　Henkel　*120*
偏差応力テンソル
　deviator stress tensor　*92*
偏差ひずみテンソル
　deviator strain tensor　*96*

【ほ】

ポア
　pore　*156*

ポアソン比
　Poisson's ratio　*130*
膨潤指数
　swelling index　*46*
膨潤線
　swelling line　*105*
飽和度
　degree of saturation　*9*
飽和土
　saturated soil　*10*

【め】

綿毛構造
　flocculated structure　*156*

【も】

モール・クーロンの破壊基準
　Mohr-Coulomb's failure criterion　*131*

【や】

ヤング率
　Young's modulus　*130*

【ゆ】

有効応力
　effective stress　*35*
有効応力経路
　effective stress path　*118*
有効応力の原理
　principle of effective stress　*40*
有効径
　effective grain size　*15*

有効土被り圧
　effective overburden pressure　*13*

【ら】

ラグランジュ
　Lagrange　*30*
ラプラス
　Laplace　*62*
ランダム構造
　random structure　*156*

【り】

粒径
　grain size　*4*
粒径加積曲線
　grain size distribution curve　*14*
粒径幅が広い土
　well-graded soil　*15*
流線
　stream line　*59*
流線網
　flow net　*63*
粒度
　grain size distribution　*13*

【れ】

礫
　gravel fraction　*14*
連続式
　equation of continuity　*60*

【ろ】

ロスコー面
　Roscoe surface　*128*

【C】

CBR
　California bearing ratio　*149*

【R】

RI 法
　radioisotope method　*151*

──── 著者略歴 ────

1988 年	名古屋大学工学部土木工学卒業
1990 年	名古屋大学大学院博士課程前期課程修了（地盤工学専攻）
1992 年 ～93 年	日本学術振興会特別研究員
1993 年	名古屋大学大学院博士課程後期課程修了（地圏環境工学専攻）
	博士（工学）
1993 年	名古屋大学助手
1996 年	名古屋大学助教授
2000 年 ～01 年	英国ブリストル大学客員研究員
2006 年	名古屋大学大学院教授
	現在に至る

地 盤 力 学
Geotechnical Mechanics

Ⓒ Masaki Nakano 2012

2012 年 2 月 16 日　初版第 1 刷発行
2020 年 7 月 10 日　初版第 2 刷発行

検印省略

著　　者　　中　野　正　樹
発 行 者　　株式会社　コロナ社
　　　　　　代 表 者　　牛来真也
印 刷 所　　新日本印刷株式会社
製 本 所　　有限会社　愛千製本所

112-0011　東京都文京区千石 4-46-10
発 行 所　株式会社　コ ロ ナ 社
CORONA PUBLISHING CO., LTD.
Tokyo Japan
振替 00140-8-14844・電話 (03) 3941-3131（代）
ホームページ https://www.coronasha.co.jp

ISBN 978-4-339-05621-1　C3351　Printed in Japan　（大井）

<JCOPY> ＜出版者著作権管理機構　委託出版物＞
本書の無断複製は著作権法上での例外を除き禁じられています。複製される場合は、そのつど事前に、出版者著作権管理機構（電話 03-5244-5088，FAX 03-5244-5089，e-mail: info@jcopy.or.jp）の許諾を得てください。

本書のコピー，スキャン，デジタル化等の無断複製・転載は著作権法上での例外を除き禁じられています。購入者以外の第三者による本書の電子データ化及び電子書籍化は，いかなる場合も認めていません。
落丁・乱丁はお取替えいたします。